살리는 균
죽이는 균
서로 돕는 균

좋은 균, 나쁜 균, 이상한 균 ___ 두 번째 이야기

살리는 균
죽이는 균
서로 돕는 균

식물과 미생물의 공생에서 찾은
지구 생명체가 살아가는 법

류충민
지음

플루토

머리말

    나의 첫 책《좋은 균, 나쁜 균, 이상한 균》이 2019년 1월 마지막 주에 세상에 나온 후 벌써 6년이란 세월이 흘렀다. 그동안 나의 생활은 적지 않은 변화를 겪었다. 독자들의 사랑을 과분하게 받았다. 어린 꼬마들부터 연세 드신 어르신들에게까지 많은 강연을 했다. 멀리 전남 진도에서부터 강원도 산골 고등학교뿐 아니라 유튜브 '카오스' 강의를 통해서도 독자들을 만나는 호사를 누렸다. 나의 버킷리스트 중 하나를 이루어낸다는 생각으로 시작한 일이 이렇게 생활 전반에 변화를 가져올지는 미처 생각하지 못했다.

    만난 사람들이 늘어나고 연구 분야도 넓어졌고 실험실을 거쳐 간 학생들도 많아졌다. 이 시기에 빼놓을 수 없는 사건은 단연코 '코로나19'라는 길고 어두운 터널을 지난 것이다. 실험도 일상생활도 어느 것 하나 제대로 돌아가지 않았다. 하지만 실험실 문을 닫고 쉴 수는 없었다. 코로나19에 걸리지 않은 사람들은 실험을 하고 결과를 만들어내고 과제를 진행해야 했다. 나는 모든 사람들이 그랬던 것처럼 할 수 있는 한 최선을 다하려고 노력했다.

이 책《살리는 균, 죽이는 균, 서로 돕는 균》에 담은 이야기 대부분은 그 과정에서 진행한 실험들에 대한 내용이다. 정말 신기한 점은 첫 책을 쓰기 위해 15년 동안 내가 한 일을 정리했던 분량과 지난 6년 동안 한 일의 양이 얼추 비슷하다는 것이다. 그 당시엔 몰랐지만 궁함이 만들어낸 마법이 아닐까 생각해본다. 어떻게 할 수 없는 상황에 직면하여 나 자신을 크게 변화시켰을 때 당시의 힘든 상황이 만들어낸 선물들이 이렇게 클 줄은 몰랐다.

중앙재해대책본부 산하의 코로나 치료제 분과에서 몇 년간 일했다. 거기서 우리나라가 코로나에 대처하는 모습들을 지켜보았다. 거대한 폭풍을 만났을 때 어떻게 '대한민국호'를 안전하게 정박시킬지를 국내 최고의 전문가들과 머리를 맞대고 논의했다. 당시에 가장 힘든 부분은 언제쯤 정박지에 도착할지 아무도 모른다는 것이었다. 셀트리온과 SK바이오사이언스 같은 제약업체의 연구자들과 함께 치료제와 백신을 개발하기 위해 고군분투했다. 하루 내내 휴대전화를 들고 다녀야 했고 새벽 2시에도 울리는 전화를 받아야만 했다(말하는 것이 다이어트에 그렇게 효과적이란 사실은 한 달 만에 체중이 5킬로그램이나 빠진 뒤에야 실감할 수 있었다). 이 모든 것이 나에게는 큰 선물이었다. 내가 지금까지 살아보지 못한 새로운 세상을 알게 됐고 내가 얼마나 좌정관천했는지 알 수 있었다. 과학자로서 내가 전공한 미생물학이 식물이 아닌 동물과 사람에게까지 확대되는 것을 지켜볼 수 있었다. 이 모든 것에 감사한다. 더불어 감염병 국제 협력사업을 하며 세계보건기구WHO와 미국국립보건원NIH 등의 해외 기관들이 어떻게 코로나에 대응하는지를 보면서 우리나라 상황을 외부에서 객관적으로 보는 시각도 가지게 되었다. 하지만 육체적으로나 정신적으로 피폐해지는 것은 막을 수 없었다. 아무것도 할 수 없는 번아웃이 찾아왔고 어디에서도 흥미 있는 주제와 일을 찾을 수 없는 상태에까지 이르렀다. 내가 그렇게 좋아하는 실험실을 벗어나고 싶었다. 그렇게 도망친 곳이 캘리포니아주 샌디에이고였다. 온 가족이 여덟 개의 캐리어를 들고 샌디에이고에 도착하면서 다시 한번 새로운 세상에 온 것을 실감했다. 16개월간의 샌디에이고 생활은 나에게 다시 여유를 되찾게 해주었을 뿐 아니라 나를 다시 살게 한 귀한 시간이었다. 25년 전 유학 시절 미국에서 당할 수밖에 없었던 인종차별과 막막함을 이제 겪지 않아도 되어 너무 좋았다. 이국땅에서 겪어야 하는 크고 작은 어려움은 늘 따라다니기 마련이지만 말이다. 아침 8시에 출근해서 오후 3시까지 점심도 먹지 않고 평생 처음으로 해본 인체 병원균과 면역에 관한 실험들은 어느새 죽어 있던 실험에 대한 흥분을 되살리기에 충분했다. 매주 교수와의 미팅을 준비하면서 내가 지도했던 학생들을 생각했다. 내가 너무 힘들게 한 것 같아 미안한 마음이 들었다.

한국으로 되돌아올 때 이 책을 낼 수 있게 되어 감사할 따름이다. 지난 실험들을 정리하면서 많은 것을 떠올리는 의미 있는 시간을 가졌다. 나는 이제 매주 실험실에서 다시 학생들을 만나고 있다.

라호야코브의 물개 소리, 딸과 함께 거닐던 공원, 매일 아침 아들과 함께 한 조깅, 매일 뒤뜰에 찾아와준 벌새들이 그립다. 하지만 이렇게 실험실 학생들이 있고 맛집이 많은 우리나라가, 그리고 대전이 너무 좋다(노잼 도시에서 갑자기 핫플이 된 대전이 아직 낯설기는 하다).

얼마 전 고향에 다녀왔다. 아주 오래되고 유명한 육회비빔밥 식당에 갔다. 오랜만에 방문했는데도 옛 모습 그대로여서 웨이팅하는 30분 동안 약간 흥분했다. 이런 흥분은 선짓국 한 모금을 먹었을 때 산산조각 났다. 맛이 변한 것이다. 실망스러웠다. 두 번째 책 《살리는 균, 죽이는 균, 서로 돕는 균》을 내면서 첫 책을 사랑하셨던 분이 책을 덮을 때 이렇게 느낄까 봐 두려운 마음이 크다. 영화나 소설의 속편은 전편보다 재미있을 수 없다는 속설이 있다. 하지만 〈터미네이터〉나 〈스타워즈〉, 〈아바타〉 같은 영화도 있으니 기대도 해본다. 부디 이 책이 여러분의 기대에 못 미치더라도 너그러이 용서해주셨으면 좋겠다. 나에게는 정말 힘든 시기에 나를 버티게 해준 실험실 동료들과 함께 만들어간 나만의 연대기chronicle여서 마음이 벅차다.

지금은 날이 차지만 곧 따스한 봄이 온다는 기대를 품길 바란다. 다가오는 봄과 함께 모두 평안하시길….

진부역에서 서울역으로 가는 기차 안에서

차례

맨눈으로는 보이지 않는 생물, 미생물!

　첫 책 《좋은 균, 나쁜 균, 이상한 균》은 미생물의 기초에 대한 이야기로 시작했다. 미생물에 대해 전혀 모르는 독자들의 부담을 덜어 주고 싶어서였다. 같은 이유로 이 책도 미생물의 기초를 먼저 설명하려고 한다. 《좋은 균, 나쁜 균, 이상한 균》의 설명에 내용을 약간 추가했다. 어려울까 걱정 말고 힘차게 읽어 내려가 보자.

세균, 곰팡이, 바이러스

　대학에 들어가서 미생물학을 처음 접할 때 단어의 정의에 대해 배운다. 원래 미생물학은 우리나라에서 만들어진 것이 아니라 외국에서 만들어져서 국내로 수입되었기 때문에 각 단어의 의미를 정확히 정의하는 것이 중요하다. 미생물微生物은 마이크로 생명체micro-organism를 번역한 말이다. 마이크로 생명체를 직역하면 아주 작은 micro+생명체organism이다. 미생물은 작아도 너무 작아서 우리의 눈으로 볼 수 없는 생명체를 가리키며, 크게 세균(박테리아), 곰팡이(진균), 바이러스로 나뉜다. 여기에 현미경으로 볼 수 있는 선충(뱀처럼 생겼지만 맨눈으로 볼 수 없고 현미경으로만 보인다)이 포함되기도 한다. 이 가운데 우리에게 가장 익숙한 미생물은 곰팡이fungus, 복수는 fungi다. 일상생활에서도 자주 볼 수 있는데, 음식을 상온에 오래 놔두면 표면에 생기는 푸른색과 하얀색, 검은색의 솜털 같은 곰팡이가 가장 흔한 형태다. 생명체가 죽은 후 썩을 때 곰팡이가 피어오르는 것도 자연스러운 현상이다. 겨울철에 귤 껍질 위에 파랗게 피어올라 귤을 썩히는 녀석도 이 곰팡이에 속한다. 눈에 보이는데 왜 미생물에 포함되냐고 물을 수 있지만 개별 곰팡이는 현미경으로 보아야만 그 진정한 모양을 볼 수 있기 때문에 미생물로 분류한다.

또 다른 미생물로 대다수를 차지하는 것 중에는 세균bacterium, 복수는 bacteria이 있다. 세균은 눈으로 형태를 보기가 쉽지 않다. (많은 세균이 덩어리져서 끈적한 형태로 보이는 경우도 있지만 흔치 않고, 한 마리의 세균은 맨눈으로 볼 수 없다.) 세균이 번식하면 냄새가 심해진다. 미처 다못 먹고 오랫동안 놔둔 상추나 배추가 검게 변하면서 잎사귀들이 녹아 물처럼 흘러내리는 것을 본 적이 있을 것이다. 이때 좋지 않은 냄새도 많이 나는데, 이 냄새들은 대부분 세균이 만든다. 대표적으로 똥에서 나는 냄새도 대부분 주범은 세균이다. 산소가 없는 장 속에서 세균들이 자라고, 이들이 내는 냄새는 역하다 못해 사람을 힘들게 한다. 김치나 술에서 나는 냄새도 세균이 내는 물질 때문이다.

또 다른 미생물인 바이러스는 단순하게 설명하기 쉽지 않은 친구다. 여기서 자세히 설명하지는 않기로 한다. 우리가 코로나19에서 배운 바이러스에 대한 지식이면 이 책을 읽는 데 충분하다.

세균이니 곰팡이니 바이러스니 벌써부터 머리가 아파질지도 모르겠다. 그렇지만 지금 이해되지 않는다고 걱정할 필요는 없다. 이 3가지 미생물은 앞으로 두고두고 설명할 테니 말이다.

미생물이 존재하는 이유

지구 상에 미생물이 존재하는 이유는 무엇일까? 지구 역사를 보면 미생물은 인간이 존재하기 훨씬 전부터 존재하고 있었다.

진화론 관점에서 보면 45억 년 전에 지구가 생겨났고 35억 년 전에 미생물이 지구에 출현했다고 한다. 아주 초기 형태의 광합성 생명체는 21억 년 전에, 지금의 식물 형태의 생명체는 10억 년 전에 나타났다. 최초의 인간이 700만 년 전에 나타났다고 보면 미생물과 나이 차이가 28억 년이나 된다.

그래서일까? 미생물이 없으면 식물과 동물, 인간은 도저히 살아

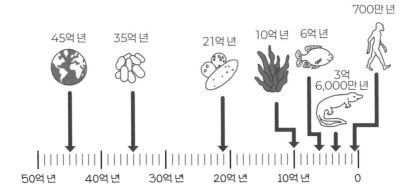

45억년 35억년 21억년 10억년 6억년 700만년

3억 6,000만년

50억년 40억년 30억년 20억년 10억년 0

지구와 주요 생명체들이 등장한 시기

갈 수 없다. 요즘은 기술이 좋아져서 미생물이 전혀 없이도 식물과 동물을 키울 수 있다. 하지만 이들 무균 식물과 무균 동물은 너무나 허약해서 외부 환경이 아주 조금만 변화해도 쉽게 죽어버린다. 생쥐의 경우는 무균에서 키우면 장기가 제대로 발달하지 않고 이상 비대해져서 정상 수명대로 살기 힘들다.

지구에 존재하는 미생물들의 주요 기능은 유기물을 분해하는 것이다. 화성이나 달에는 미생물이 존재하지 않기 때문에 음식물을 쓰레기통에 넣더라도 영원히 그대로 남을 수 있다. 지구 상에서 유기물들이 썩으면서 냄새를 만드는 것도 어쩌면 축복인지 모른다. 지구 생태계에서 유기물이 분해되고 이산화탄소가 만들어지면 식물이 광합성을 하여 당을 만들어낸다. 이것을 동물이 먹으면 다시 미생물이 동물의 장 속에서 분해한다. 동물이 똥을 누면 다시 한번 미생물이 분해하여 다시 이산화탄소를 만든다. 이 과정에서 미생물들을 쏙 빼낸다면 어떤 일이 일어날까? 지구의 많은 생명을 미생물이 지탱하고 있다는 사실을 잊지 말아야 한다.

미생물의 정체를 밝혀낸 선구자들

인류는 미생물을 언제부터 어떻게 알게 되었을까? 제대로 설명하려면 몇 권의 두툼한 책이 필요하지만 여기서는 미생물 연구에 커다란 획을 그은 연구자들을 간단히 소개하겠다. '처음'이 중요한 이유는 시작이 가장 힘들고, 이후 많은 이가 밟고 갈 디딤돌이 되기 때문이다. 그렇기 때문에 달에 처음 발자국을 찍은 사람, 대서양을 처음 건넌 사람, 증기기관을 처음 만든 사람, 휴대전화를 처음 발명한 사람 등이 역사에서 중요한 인물로 대접받는 것이다.

미생물의 아버지 레이우엔훅

미생물을 눈으로 처음 관찰한 사람은 네덜란드의 안토니 판 레이우엔훅Antonie van Leeuwenhoek이다. 그는 16살에 정규교육을 마치고 암스테르담에 있는 포목점에서 견습공으로 일하다가 자신의 포목점을 열었다. 이후 마흔이 된 레이우엔훅은 유리 렌즈를 이용하면 맨눈으로 볼 때보다 물체를 더 크게 볼 수 있다는 사실을 알아냈다. 그는 렌즈를 연마하기 위해 연금술사와 약제사를 찾아다니다가 스스로 렌즈 연마법을 터득했고, 주위에 있는 모든 것을 이 렌즈를 통해 관찰하기 시작했다. 이후 그는 영국 왕립학회의 초청을 받아 자신의 다양한 발견에 관해 보고할 기회를 얻는다. 당시 영국 왕립학회에서는 화학의 창시자 로버트 보일과 근대과학의 아버지 아이작 뉴턴이 회원으로 활동하고 있었다. 레이우엔훅의 발표를 들은 사람들은 맨눈에 보이는 세계 말고도 우리 눈에 보이지 않는 또 다른 세계가 존재하며, 그 세계에서 뭔가 엄청난 일이 일어나고 있음을 감지했다. 새로운 멀티버스의 문이 열린 것이다. 하지만 당시 사회는 매우 종교적이었기 때문에 이에 대한 반발도 적지 않았다.

노년에도 계속 포목점을 운영한 레이우엔훅은 세상을 가득 채운 작은 생명체에 대한 호기심을 놓지 않았다. 그는 다양한 현미경을 만들어 원하는 과학자들에게 제공하면서 보이지 않는 세계를 볼 수 있는 중요한 계기를 만들었다.

말년의 레이우엔훅은 질병의 원인을 찾는 데도 관심을 기울였다. 당시만 해도 사람들은 질병이 신의 저주 때문에 생긴다고 생각했는데, 그는 병자들의 핏속에 있는 혈구가 건강한 사람들의 혈구와 다를 것이라고 생각했다. 입속에서 질병의 원인을 찾으려고 거듭 시도하던 그는 어금니에서 미생물을 최초로 관찰했다. 그는 "놀랍게도 나는 믿을 수 없을 정도로 많은 수의 작은 동물들을 보았다"라고

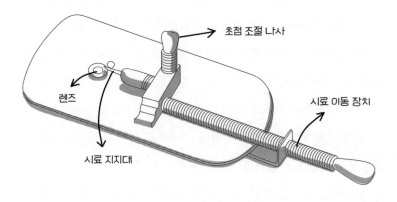

초점 조절 나사

렌즈

시료 이동 장치

시료 지지대

17세기 후반에 레이우엔훅이 개발한 현미경

일기장에 적었다. 하지만 이 미생물이 인간의 다양한 질병의 원인이 될 수도 있다는 사실은 알지 못하고 죽었다.

미생물이 병을 일으킨다는 것을 밝힌 파스퇴르

다음으로 살펴볼 사람은 우리나라에서는 우유 이름으로 더 잘 알려진 프랑스 미생물학자 루이 파스퇴르Louis Pasteur다. 많은 사람이 파스퇴르를 미생물학자로 알고 있지만, 사실 그는 화학자로 과학자로서의 삶을 시작했다. 화학에서는 거울상 구조로 알려진 이성질체의 개념을 중요하게 여긴다. 어떤 화학 분자가 분자량은 같은데 구조가 다른 경우가 있다. 3차원 구조가 다르기 때문이다. 이러한 분자로 이루어진 화학물질을 이성질체라고 하는데, 이를 처음으로 밝혀낸 사람이 파스퇴르다. 나는 여러 해 전 프랑스 파리 중심가에 있는 파스퇴르연구소를 방문해 파스퇴르가 연구했던 실험실과 그 지하에 있는 파스퇴르의 묘지를 직접 보기도 했다. 당시의 흥분이 아직도 생생하다. 파리를 방문할 기회가 있다면 꼭 가보시길.

파스퇴르의 위대한 업적 중 하나는 백조 목swan-neck flask(백조 목 모양의 유리관) 실험을 통해 '미생물이 유기물을 썩게 할 수 있다'는 가설이 사실임을 최초로 증명한 것이다. 당시 과학자들도 미생물이란 게 있다는 것은 알고 있었지만 그것이 어떤 역할을 하는지는 알지 못했다. 파스퇴르는 끓인 고깃국물에는 미생물이 없어 상하지 않지만, 공기에 노출된 고깃국물은 공기 중에 있는 미생물 때문에 상

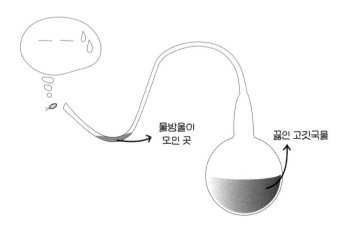

물방울이
모인 곳

끓인 고깃국물

파스퇴르의 백조 목 실험.
공기는 관을 통과할 수 있지만 공기 중 미생물은 물방울에 갇혀
통과하지 못하므로 고깃국물은 상하지 않는다.

한다는 사실을 증명하여 세계적인 과학자의 반열에 올랐다.

무엇보다 파스퇴르가 미생물 연구에 가장 큰 족적을 남길 수 있었던 이유는 백신 vaccine●이 실제로 병을 막을 수 있다는 것을 실험으로 증명했기 때문이다. 파스퇴르는 양에게 탄저균 백신을 주사한 뒤 얼마 후 탄저균을 접종●●하여 면역효과를 확인했다. 생명체가 면역력을 이용해 병원균을 막을 수 있음을 발견한 것은 위대한 업적이다. 지금 우리 팔에 있는 어릴 적 맞은 주사의 흔적은 파스퇴르가 발견한 백신 때문에 생긴 것이다. 백신은 몸의 면역을 증가시켜 치명적인 병원균의 공격으로부터 우리를 보호하도록 한다. 파스퇴르의 발견은 단순히 미생물의 존재를 아는 것을 넘어서 인간이 미생물의 공격을 역이용해 자신을 보호할 수 있음을 보여준 최초의 예다.

파스퇴르는 이러한 개념을 가지고 최초로 광견병 백신을 개발한 것이다. 그는 이 백신으로 러시아 공주를 치료해 막대한 돈을 받았는데, 이 돈으로 파리 시내 중심가에 자신의 이름을 딴 파스퇴르연구소를 세우고 평생 인간의 병을 막기 위한 연구에 매진했다. 파스퇴르연구소의 연구원들은 지금도 지구 상에 전염병이 발생하면 제일 먼저 그곳으로 찾아가 병원균을 연구하고 있다. 그래서 아프리카에서 에볼라 바이러스가 일으키는 에볼라 출혈열이 발생했을 때 제일 먼저 뛰어가 문제를 해결하기도 했지만, 연구원 몇 명은 에볼라 바이러스에 감염돼 다시 파리로 돌아가지 못한 안타까운 일이 벌어지기도 했다.

'코흐의 가설'을 만든 코흐

병원균과 기주host●의 상호작용을 연구하는 사람이라면 반드시 알아야 하는 가설이 하나 있다. 바로 '코흐의 가설'이다. 코흐의 가설이란 어떤 미생물이 병을 일으킨다는 것을 밝히는 데 필요한 조건들을 가리킨다. 지금은 너무나 간단하고 당연한 생각이지만, 코흐가 살던 시기에는 매우 획기적인 생각이었다.

로베르트 코흐Robert Koch도 파스퇴르와 마찬가지로 미생물이 사람에게 병을 일으킬 수 있는지

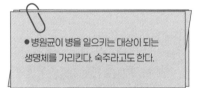

● 병원균이 병을 일으키는 대상이 되는 생명체를 가리킨다. 숙주라고도 한다.

로베르트 코흐

를 연구한 독일의 과학자다. 하지만 그는 파스퇴르만큼 쇼맨십이 있는 외향적인 사람은 아니었다. 그는 그저 자신의 방에서 홀로 레이우엔훅이 개발한 현미경으로 병든 동물과 사람의 조직을 관찰하기를 좋아하는 조용한 과학자였다. 의사였던 코흐는 병으로 고통받는 환자들을 보면서 그 병의 원인이 무엇인지 궁금했다. 연구 끝에 그는 파스퇴르가 탄저균 백신을 개발하기 전에, 탄저균이라는 세균이 동물을 죽일 수 있음을 과학적으로 증명했다. 여기서 성립한 것이 코흐의 가설인데, 주요 내용은 다음과 같다.

●병징이 나타나는 곳에는 원인 병원균을 포함해 다양한 미생물이 섞여 있다. 그러므로 여기서 한 종류의 미생물을 골라내 병을 실제로 일으키는지 알아내야 한다. 순수분리란 이렇게 섞여 있는 여러 미생물 가운데 한 종류를 골라내는 작업을 말한다.

1. 병징이 있는 곳에서 병원균을 순수하게 분리할 수 있어야 한다(순수 분리pure culture). ●

2. 순수 분리된 병원균을 기주에 접종했을 때 동일한 병징이 관찰되어야 한다.

3. 그 동일한 병징으로부터 처음에 분리했던 병원균이 다시 분리되어야 한다.

어떻게 보면 너무나도 당연한 이야기 아닌가? 그럼에도 당시에는 획기적인 가설이었고, 지금도 어떤 병원성 미생물이 질병의 원인이라는 걸 증명하려면 이 방법을 따라야 한다. 코흐 역시 이 가설에 따라 탄저병에 걸린 쥐에서 탄저균의 원인 세균을 분리해내고 현미경으로 확인한 다음, 건강한 쥐에게 주입하여 탄저균의 병징(죽음)을 확인했다. 그리고 죽은 쥐로부터 다시 원인 세균을 분리해냈다.

이 실험은 동시대에 같은 문제로 고민하면서 병원균을 순수분리하지 못해 고생하던 파스퇴르를 화나게 했다. 하지만 코흐의 실험은 철저히 과학적 논리에 기초하고 있었기 때문에 파스퇴르도 어쩔 수 없이 코흐의 가설을 받아들였다. 코흐는 병이란 신의 저주라고 여기던 시대에 미생물이 질병을 일으킨다는 것을 최초로 증명하여 감염병 연구의 패러다임을 바꿨다.

유산균 음료의 광고 모델이 된 메치니코프

19세기 중엽은 미생물에 관한 위대한 발견들이 줄을 이은 시대였다. 1846년 러시아 남부에서 천재적인 미생물학자가 태어났는데, 바로 일리야 메치니코프Ilya Mechnikov다. 그는 10대 때 과학 논문을 발표했고, 현미경으로 곤충을 관찰하다가 새로운 종을 발견해 논문을 쓰기도 했다. 메치니코프는 20대 중반까지는 미생물에 대해 잘 몰랐다. 그러다가 아내가 폐병에 걸려 고생하자 그 원인을 찾다가 미생물에 관심을 기울이게 되었다. 메치니코프는 러시아인이었지만 이탈리아 등 유럽 여러 나라를 다니며 미생물 연구에 몰두했다.

메치니코프의 대표적인 업적은 백혈구의 일종인 대식세포

macrophage●를 발견한 것이다. 그는 이 발견으로 노벨생리학·의학상까지 받았다. 메치니코프는 불가사리를 연구하던 중 특별한 세포가 세균을 잡아먹는 현상을 관찰하고 우리 몸속에 있는 백혈구가 병을 어떻게 막아내는지 알게 되었다. 다른 미생물 연구자들이 미생물 자체에 관심을 가졌다면 메치니코프는 반대로 미생물에 반응하는 기주의 세포에 관심을 기울였다. 그러나 대식세포의 기능은 발견했어도, 대식세포가 있음에도 병원균이 기주에서 어떻게 살아 있으며 증식까지 해서 병을 일으킬 수 있는지에 대해서는 답하기가 어려웠다.

메치니코프는 코흐에게 배우고 싶었지만 거절당해 어쩔 수 없이 프랑스 파스퇴르연구소에서 대식세포의 수수께끼를 풀기 위한 연구에 매진했다. 그러고는 마침내 병원균 가운데 대식세포의 공격에도 살아남을 수 있는 특별한 세균이 존재한다는 사실을 발견했다. 이 특별한 세균이 우리 몸속에 살아남아 증식하고 병까지 일으키는 것이다. 세포가 세균을 먹는다는 사실도 받아들이기 힘들었던 시대에 이 공격을 막아내는 세균이 있다는 것을 발견한 것은 대단한 업적이다.

메치니코프는 말년에 인간은 왜 늙고 죽는가에 관심을 가지고 연구하여 노인학gerontology이라는 학문 분야를 개척했다. 그는 장수 마을에 사는 사람들을 대상으로 노화와 죽음에 대한 연구를 하다가 그들이 즐겨 먹는 발효 음료 속 유산균이 생명을 연장시킨다는 사실을 알게 되었다. 이 균이 우리에게는 유산균 음료로 잘 알려진 불가리아균(락토바실러스 불가리쿠스*Lactobacillus bulgaricus*)이다. 이후 메치니코프는 불가리아균이 들어 있는 발효 음료를 마시며 외부의 세균으로부터 자신을 철저히 보호하면서 살았다고 한다.

아일랜드 기근의 원인을 찾은 더 바리

지금까지 소개한 과학자들이 미생물이 어떻게 인간이나 다른 동물에게 병을 일으키는가에 대해 연구했다면, 이제 소개할 과학자는 이런 미생물이 어떻게 식물에도 병을 일으킬 수 있는지에 대해 답을 찾으려 했다.

그 배경에는 역사적으로 암담했던 사건이 있다. 메치니코프가 태어나기 1년 전인 1845년, 영국 옆에 있는 작은 나라 아일랜드에서 대기근이 발생했다. 전체 인구 800만 명 중 200만 명이 굶어 죽거나 다른 나라(대부분 미국)로 이주하는 비극이 일어났다. 이 기근의 원인은 '감자역병'이라는 식물병이었다. 당시 아일랜드 사람들의 주식은 감자였는데 이 병이 아일랜드 전역의 감자를 습격했다. 3년 동안 감자역병이 유행한 결과 식량이 부족해 많은 사람이 굶어 죽었지만 이웃 나라인 영국은 종교적인 이유로 도와주지 않았다. 아일랜드 사람들의 유일한 탈출구는 당시 개척을 위해 많은 사람이 필요한 미국이었다. 이 때문에 많은 아일랜드 사람이 죽음을 각오하고 배를 타고 미국으로 이주했다.

1861년 독일의 식물학자 하인리히 안톤 더 바리Heinrich Anton de Bary가 최초로 감자역병의 원인균을 밝혀낸다. 감자역병의 원인균은 사람 등 동물에 병을 일으키는 둥글거나 막대기 모양의 단세포인 세균과는 전혀 다른 형태였다. 투명하고 길쭉한 실 모양의 구조 중간 중간에 풍선처럼 둥근 덩어리들이 붙어 있었다. 특이한 점은 크기가 세균보다 10~100배 정도 컸다는 점이었다. 더욱 신기한 것은 이 균을 시원한 곳에서 분리하면 둥근 공 모양의 덩어리들에서 빠르게 움직이는 이상한 형태의 생명체가 생겨난다는 점이었다. 정말 이해되지 않는 생명체였다. 더 바리는 처음에는 이 둥근 덩어리와 그 속에서 빠르게 움직이는 생명체가 서로 다른 생명체라고 생각했다. 하지만 나중에 이 둘이 하나의 생명체로부터 만들어지는 다양한 구조 중 하나라는 사실이 밝혀졌다.

감자역병균의 이름은 파이토프토라 인페스탄스Phytophthora infestans인데, '식물의 절대적인 파괴자'라는 뜻이다. 이름에 그 정체가 다 들어 있는 셈이다. 내가 학부에서 공부할 때만 해도 이 균은 곰팡이에 속한다고 배웠다(균 속에 곰팡이, 세균, 바이러스가 포함된다). 하지만 지금은 곰팡이가 아니라, 녹조를 일으켜서 유명해진 조류(클로렐라가 여기에 포함된다)와 비슷한 생명체로 분류된다. 감자역병균은 물이 있어야 생장이 잘되고 유주자zoospore라는 특이한 구조의 포자를 만드는데, 유주자는 물속에서 세균보다 훨씬 빨리 움직일 수 있다. 현미경으로 보면 그 움직임을 따라갈 수 없을 만큼 빠르다. 더 바리와 그의 제자들은 감자역병균 연구를 계기로 식물병리학이라는 새로운 학문 분야를 개척했다. 식물병에 의한 대규모 기근이 전 세계적으로 일어나면서 사람들은 미생물에 의한 동물병뿐 아니라 식물병 또한 인간의 생존에 얼마나 커다란 영향을 끼치는지 알게 되었다. 이후 전 세계적으로 많은 학자가 식물병리학에 집중하게 되었고, 지금은 대부분의 나라가 국가적 차원에서 식물병을 연구하고 있다. 앞으로 이 책에서 소개할 몇 개의 이야기는 이 식물병리학의 범주에 속한다.

초대받지 않은 손님을 막아라!

이탈리아 베네치아는 물의 도시로 불리며 많은 관광객이 찾는 곳이다. 흑사병이 창궐하던 중세에는 이곳으로 들어오는 배를 40일 동안 바다에 세워두고 선원들이 병이 나지 않는 것이 확인될 때만 항구에 들어오도록 허가했다. 이것이 검역의 시초다. 검역을 뜻하는 쿼런틴quarantine은 이탈리아어로 40을 의미하는 단어에서 유래했다. 검역이란 전염병이나 해충 등이 외국으로부터 들어오는 것을 막기 위한 온갖 조치를 말하며, 일반 사람들에게도 낯설지 않다. 씨앗이나 생과일, 가공 육류 등을 외국에서 우리나라로 들여올 수 없게 제한하거나, 공항이나 항구에서 구제역을 막기 위해 소독 발판을 밟고 지나가게 하는 등의 활동이 검역에 포함된다. 지금처럼 지구촌의 모든 나라가 활발하게 왕래하고 있는 상황에서 검역의 중요성은 아무리 강조해도 부족하지 않다. 그런데 검역에 대해 다른 관점에서 생각해볼 수도 있다. 아일랜드를 휩쓴 감자역병은 아일랜드라는 한정된 공간에서 감자라는 한정된 식물만 재배했기 때문에 발생한 문제였다. 만약 아일랜드에서 감자역병에 저항성을 가진 감자 품종을 재배했다면 이야기는 달라졌을 것이다. 결국 아일랜드 대기근은 인간의 욕심이 빚어낸 인재였다. 비슷한 일들이 국가 간에 무역을 하다가도 일어나는데, 남미의 불개미가 미국에 전파되어 미국 전역이 고통받게 된 적이 있다. 남미에는 불개미의 천적이 존재하지만 미국에는 불개미의 천적이 없기 때문에 불개미들이 급속하게 불어났다. 이런 현상을 가리켜 생태학적 진공상태ecological vacuum에 빠졌다고 한다.

비슷한 예들이 미국에서만도 여러 번 일어났다. 미국 도시의 가로수 가운데 가장 멋있는 나무는 느릅나무였다. 50년 전만 해도 미국 어디에서나 느릅나무가 멋지게 자라고 있었다. 하지만 언제인가 네덜란드에서 수입된 나무에 묻어 온 한 종류의 곰팡이 때문에 미국 전역의 느릅나무가 전멸해버렸다. 지금은 미국 어디에서도 느릅나무를 볼 수 없다. 이 병을 네덜란드느릅나무병이라고 부른다. 다른 비슷한 경우가 미국 밤나무의 전멸이다. 100년 전만 해도 미국 산야에는 밤나무가 매우 많았다. 하지만 갑자기 나타난 병 때문에 미국 전역에 있는 밤나무가 전멸했고, 밤을 주식으로 하는 다람쥐 같은 작은 동물이 굶어 죽었다. 이 사태는 작은 동물을 먹고 사는 육식 동물에게까지 영향을 미쳐 생태계가 크게 혼란해졌다.

미국뿐 아니라 우리나라에도 비슷한 사례가 나타났다. 1988년 부산에서 처음으로 발생한 소나무재선충병이 대표적이다. 솔수염하늘소에 기생해 사는 선충인 소나무재선충의 원충(선충의 몸속에 있는 세균이 병의 실제 원인균이라는 이야기도 있다)이 일으키는 이 병은 남부 지방에서 시작해 이제는 전국의 소나무들을 죽이고 있다. 이 병은 이웃 나라 일본에서 유입되었는데, 현재 일본에서는 이 문제를 해결하기 위해 자연에 모든 것을 맡기고 스스로 회복되기를 기다리고 있다고 한다. 이 모든 것이 생태학적 진공상태에서 비롯되었기 때문이다. 반면 우리나라에서는 천문학적인 비용을 쏟아부어 소나무재선충과의 전쟁에 나서고 있다. 이 사태는 우리나라와 가까이 있는 일본에서 이 병이 발생했을 때 좀 더 신중하게 검사하고 대비했어야 했다는 뼈아픈 교훈을 남겼다. 소나무재선충과의 전쟁은 지금도 한창 진행 중이다. 식물 검역의 중요성을 다시 한번 느끼게 해주는 사례다.

중심원리 이야기

　본론으로 들어가기 전에 정말 중요한 한 가지에 대해 이야기하려고 한다. 바로 중심원리central dogma다. 생명체가 작동하는 원리로서 지금까지 밝혀진 것의 총아라고 할 수 있다. 간단하게 설명하면, 지구 상 모든 생명체가 가지고 있는 생명의 기본 원리이다. 주요 내용은 DNA에서 RNA가 만들어지고 이 RNA로 단백질이 만들어진다는 것이다. 여기서 만들어진 단백질이 모든 생명체의 재료buildling block로 사용된다. 어떤 생명체도 이 원리를 벗어나지 않는다. 물론 에이즈 바이러스처럼 RNA가 DNA를 만들고 이 DNA에서 만들어진 RNA에서 단백질이 만들어지는, 중심원리와 반대의 길을 가는 존재도 소수 있기는 하다.

　과학자들은 외계 생명체가 지구 생명체와 같은 중심원리를 가지고 있을지를 아주 궁금해한다. 그도 그럴 것이 인간이 가지고 있는 가장 근본적인 질문은 우리가 어디에서 왔으며, 어떻게 만들어져 있느냐는 것이다. 인류는 고대로부터 이 부분에 대해 깊이 사색하여 철학을 만들어냈다. 그리고 18세기와 19세기를 거치면서 과학적 방법론을 정립하고 새로운 시각으로 이 궁금증을 해결하려고 노력했다.

　1953년 4월 제임스 왓슨과 프랜시스 크릭은 DNA가 이중나선 구조로 되어 있으며 여기서 아데닌A, 티민T, 구아닌G 그리고 시토신C

이라는 네 가지의 염기가 서로 쌍을 이룬다는 사실을 밝혀냈다. 신기한 것은 아데닌은 티민과만 붙어 있고, 구아닌은 시토신과만 붙어 있다는 것이다. 이렇게 두 개의 구성 요소가 연속해서 탑을 쌓듯이 쌓여 있는 것이 DNA다. 정자와 난자가 만나 자손을 만들 때에는 이 두 가닥이 한 가닥씩 쪼개지고 엄마에게서 온 한 가닥과 아빠에게서 온 한 가닥이 붙어서 새로운 DNA 구조를 만든다. 그래서 나는 엄마와 아빠를 조금씩 닮은 것이다.

중심원리는 생명체에게 언뜻 번거로워 보인다. DNA에서 바로

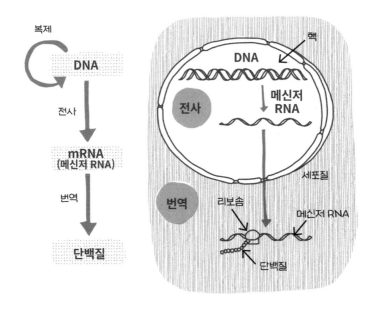

생명체의 중심원리−DNA와 RNA로 단백질을 만드는 과정

단백질을 만들면 편할 텐데 말이다. 그런데 만약 무척 중요한 문서가 있다면 직접 가져와서 보기보다 복사해서 열람할 것이다. 혹시라도 원본이 훼손될 수 있기 때문이다. DNA도 너무 중요하기 때문에 복사기로 복사하듯이 RNA를 만드는 것이다. RNA는 DNA와 정확하게 동일한 순서로 복사되는데, DNA와의 혼란을 피하기 위해서 티민이 우라실U로 바뀌어 복사되는 것만 다르다.

그다음 이 복사본으로 단백질이 만들어진다. 단백질을 만드는 공장은 리보솜ribosome이라는 곳이다. 이곳에서는 복사된 RNA(메신저 RNA, mRNA)의 세 가지 신호로 단백질을 붙여주는 작업을 한다(아데닌, 티민, 구아닌, 우라실 중 세 개만 사용해서 단백질을 만든다). 이 작업은 단백질이라는 진주들로 진주 목걸이를 만드는 작업과 유사하다. 하나하나의 진주들이 세포 속을 둥둥 떠다니다가 RNA의 순서도에 따라 알맞게 이어져 진주 목걸이가 된다. 이 진주는 단백질의 최소 단위인 아미노산인데, 지금까지 20개의 아미노산만으로 크기가 다양한 여러 단백질 덩어리가 만들어진다고 알려져 있다.

신기한 점은 이러한 단백질들이 시간상으로 정확한 때에 정확한 장소에 만들어져서 생명현상을 유지한다는 점이다. 하나의 세포는 외부의 환경 변화를 인식한 후 한 치의 오차도 없이 이 모든 것을 새롭게 만들고, 때가 되면 제거된다. 이 모든 것이 바로 중심원리다.

DNA만으로 세균종 구분하기

본문으로 들어가기 전에 마지막으로 이 책에 자주 등장하는 세균의 DNA 분석법에 대해서 간단히 소개하려고 한다. 이 책을 읽는 분이라면 DNA가 뭔지 알 것이다. 지구 상의 모든 생명체는 DNA를 가지고 있다. 다만 바이러스를 생명체로 분류한다면 이야기는 약간 달라진다. 코로나19 바이러스처럼 RNA로 이루어진 바이러스도 있기 때문이다.

대부분 두 가닥으로 구성된 DNA는 생명체의 모든 정보를 담고 있다. 엄마와 아빠가 만나 자녀를 만들 때 각각의 DNA 한 가닥이 결합하여 엄마와 아빠를 교묘하게 닮은 자녀가 태어나는 것이다. 찰스 다윈은 《종의 기원》에서 '종'이라는 개념을 세울 때 교배를 통해서 자녀가 태어나는 것을 가장 기본적인 종의 특성으로 보았다. 가령 사람이 은행과 토마토의 꽃가루를 통해 아무리 교배하려고 해도 두 식물의 DNA가 섞인 자손off-spring을 만들 수 없다. 소와 돼지를 교배하더라도 아무 일도 일어나지 않는다.

과학자들은 DNA가 생명체의 모든 정보를 담고 있다는 것을 알고 난 이후 종을 DNA로 구분하기 위해 노력했다. 그런데 세균은 종의 개념을 정확하게 나누기가 무척이나 힘들다. 암수가 존재하는 것이 아니라 이분법으로 증가하기 때문이다. DNA의 존재를 모르던 시대의 미생물학자들은 생물학적·화학적 특징이 서로 다른 세균들을 구분하고 종으로 분류했다. DNA의 존재를 알게 된 후 미생물학자들의 가장 큰 고민은 눈으로 보기에 색이 다르거나 다양한 화학물질을 분해하는 능력으로 구분한 종의 차이가 DNA의 차이와 비슷한가 아니면 전혀 다른가였다. 그래서 미생물학자들은 거꾸로 세균 DNA의 구성 요소인 아데닌, 티민, 구아닌, 시토신 네 가지 블록의 배열 순서(DNA 서열)에 관심을 가지게 되었다. 세균의 DNA 서열 중 종 내에서는 동일하고 종과 종 사이에는 구분할 수 있게 차이가 나는 서열을 찾고 싶어 했다. 만약 이런 정보를 찾을 수 있다면 DNA로 종을 구분할 수 있을 것이다.

여기서 하나 더 필요한 '필요충분조건'은 우리가 비교하려고 하는 DNA 서열을 모든 세균이 공통적으로 가지고 있어야 한다는 것이다. (그리고 이 서열이 종간에 조금씩 달라야 한다. 종간 차이가 없으면 구별할 수 없다.) 오랜 연구를 거쳐 미생물학자들이 원하는 모든 조건을 만족시킨 것은 세균이 DNA에서 RNA를 만들고 이후 단백질을 만들 때 RNA에서 단백질 합성을 담당하는 16s rRNA라는 단백질을 만드는 DNA 서열이었다. 길이도 적당해서 16s rRNA에서 몇 가지 구역의 DNA 서열만 비교하면 세균의 종을 구분할 수 있었다. 이 단백질을 이용하여 미생물상이 가장 복잡하다고 알려진 토양 속이나 사람의 똥 속에 있는 미생물들도 DNA 서열을 분석해서 어떤 종류인지 알 수 있게 되었다. 그것도 아주 빨리 말이다. 일단 이 방법이 일반화되면서 더 중요한 사실을 알게 되었는데, 배지에서 배양되지 않는 많은 세균들(학자마다 논란의 여지는 있지만 지구 상의 99퍼센트가 배양되지 않는다고 생각한다)도 DNA는 존재하기 때문에 그 종류를 알 수 있게 되었다.

☼ ☼ ☼

미생물에 대한 기본적인 내용과 생명의 중심원리에 관해 이야기했으니 이제 본격적으로 살리는 균, 죽이는 균, 서로 돕는 균과 함께 여행을 떠나보자. 더 많은 공부를 원한다면 내가 유튜브에서 발표한 내용들•을 참고하시기 바란다.

• https://www.youtube.com/watch?v=Bp3fmmnIMkU

• https://www.youtube.com/watch?v=bM9YjY7qquM

토마토의 해방일지

적과 싸울 것인가,
친구의 도움을
요청할 것인가

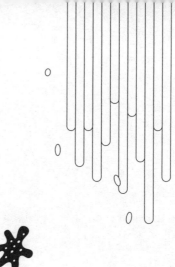

　　미국에서 지낼 때 드라마 〈나의 해방일지〉를 감명 깊게 보았다. 당연한 이야기지만 내가 박사과정을 밟았던 20년 전 미국에는 OTT가 없었다. 세상이 좋아졌다.

　　자신이 무엇으로부터 해방되는지를 규정하는 것은 누구에게나 중요하다. 드라마 주인공이 회사에서 조직한 '해방클럽'의 모토이자 주제는 '우리는 1945년 8월 15일에 해방된 것이 아니라 무엇인가에 얽매여 있고, 그것으로부터 계속해서 해방하려고 한다'이다. 그래서 해방하려고 노력하는 것들을 노트에 적으면서 각자의 문제를 조금씩 알아가고 해결의 실마리를 찾아간다는 내용이다.

풋마름병 관찰하기

드라마를 보면서 8년 전 내가 무척 힘들어했던 시절이 기억나서 마음이 복잡해졌다. 과학자에게 필요한 것은 무엇일까? 당시 나는 연구할 수 있는 직장, 적당한 연구비, 좋은 사람들(학생들)이면 충분할 것이라고 생각했다. 그런데 신기하게 이 모든 것이 충족된 시기의 어느 날 번아웃이 나를 노크했다. 이 시기에 했던 실험이 지금 이야기할 '토마토의 해방일지'다. 나는 과제를 시작하면서 개인적으로 과학을 통해 슬럼프를 극복하면 좋겠다고 바랐다. 지금 생각하면 토마토의 해방일지를 엿보고 그 문제를 해결한 것 같다.

그러면 토마토의 해방일지에는 어떤 일들이 있을까? 그 내용을 알기 위해서는 토마토에 발생하는 병을 이해할 필요가 있다. 내가 참여한 연구의 주제는 풋마름병이었다. 토양세균에 의해 식물의 물관이 막혀 잎부터 말라 죽게 되는 병으로, 푸른색을 띠면서 말라 죽는다고 하여 '풋마름병'이라는 이름이 붙었다. 우리가 제일 먼저 시작한 일은 전국적으로 토마토를 대량 재배하는 농장을 찾아 방문하고, 풋마름병이 발생한 곳을 관찰하는 것이었다.

과학에서는 관찰이 얼마나 중요한지 모른다. (에이미 E. 허먼의 책 《우아한 관찰주의자》는 집중해서 관찰하는 행위가 우리 생활에 얼마나 중요한지 잘 설명하고 있다.) 광주광역시 인근과 경기도 광주시 인근의 풋마름병 발생 농가를 방문하면서 신기한(?) 혹은 이상한 현상을 관찰했다. 풋마름병이 심하게 퍼진 밭 온실에서 독야청청 홀로 건강하게 자라고 있는 토마토 몇 그루를 본 것이었다. 우리는 이 현상을 '풋마름병의 섬'이라는 이름으로 불렀다. 그리고 '어떻게 이런 일이 일어날까?'라는 질문으로 과제를 시작했다. 좀 더 실감나는 현장감을 위해서 잠시 눈을 감고 자신이 세균이 되어 토양 속을 헤집고 가는 모습을 상상해보자.

입장을 바꿔 랄스토니아 세균이 되어보자

제일 먼저 느껴지는 것은 세상이 너무 깜깜하다는 것이다. 아무 소리도 들리지 않는다. 물론 촉감도 느낄 수 없다. (사실 토양세균의 대부분은 빛을 인식할 수 있을지, 소리를 인식할지 여부도 미지수이다.) 아마도 몇 가지 수용체로 주위 상황을 파악해야 한다. 제일 중요한 일은 식물 뿌리를 찾아가야 한다는 것이다. 식물을 공격해서 먹이를 공급받아야 하기 때문이다. 그러지 못하면 며칠을 버티지 못할 것이다. 아니면 장기간의 휴면을 선택해야 한다. 1,000분의 1밀리미터 정도 크기의 작은 세균이 어떻게 식물 뿌리가 있는 곳을 찾아갈까? 근처에 식물 뿌리가 없다면 아무 일도 일어나지 않기에 뿌리가 있는 조건만 상상해보자. 운 좋게도 식물 뿌리가 근처에 있다는 신호를 수신했다고 하자. 어떻게 갈 수 있을까? 물론 꼬리 부분에 제 키(1마이크로

1 토마토의 해방일지

미터µm=1,000분의 1밀리미터)보다 긴 편모flagella가 있어 반시계 방향으로 세게 돌리면 앞으로 나아갈 수 있다. 그런데 3차원 공간에서 어떻게 방향을 정할까? 게다가 세균은 물속에서는 잘 움직이지만, 토양 입자 속에서는 가지고 있는 편모가 쓸모없어진다. 아무리 편모를 돌려도 제자리에 머물 뿐이다. 때마침 위에서 물이 내려오면 이야기는 달라진다. 하지만 세균이 물살을 거슬러 올라가는 연어처럼 식물 뿌리가 있는 곳으로 가는 것은 불가능하다. 물살이 너무 강해서 쓸려 가기 바쁘기 때문이다. 그냥 운 좋게 흘러가다가 뿌리에 도착하는 것을 기다리는 수밖에…. 흐르는 물이라는 운에 제 생명을 맡길 수밖에 없다.

정리하면 우리가 보는 풋마름병은 온실과 야외 밭의 토마토 뿌리에 부어지는 물의 흐름에 따라 퍼진다. 병원 세균이 스스로 선택적으로 식물에 도착하거나 지나가기는 힘들다. 풋마름병원세균인 랄스토니아 솔라나세아룸Ralstonia solanacearum은 이 어려운 환경에 잘 적응한 친구이다. 마음대로 이동하기는 힘들어도 세균에게 토양은 지상부 환경보다 비교적 살기에 좋은 곳이다. 햇빛이 없으니 자외선 때문에 죽을 걱정도 없고, 수분량이 급격하게 바뀌는 지상보다 비교적 수분을 유지하기가 용이하다.

병을 이겨낸 단 하나의 토마토 섬?

　과학의 발전은 너무나 당연한 것에 대해 질문을 던지는 것부터 시작했다. 해는 왜 동쪽에서 뜨지? 봄이 오면 왜 나무에 새싹이 나지? 소금은 왜 짠 거야? 과학자들은 너무나 당연한 것이라 누구도 하지 않는 질문들을 하고, 그 답을 찾기 위해 노력한다. 마치 '사과는 왜 하필 아래로 떨어지는 거야?' 하고 뉴턴이 물었던 것처럼. 풋마름병으로 모두 죽은 토마토들 가운데 유독 하나만 푸르게 '섬'처럼 남아 있는 토마토에서는 병징이 보이지 않으므로 당연히 랄스토니아가 없어야 마땅하다. 하지만 과학자라면 이 너무도 당연한 것도 확인해봐야 한다. 우리는 확인해보기로 했다. 섬처럼 남아 있는 병징을 보이지 않는 토마토와 바로 30센티미터 옆에 있는 심하게 병든 토마토의 뿌리를 뽑아서 물속에 넣고 오랫동안 뿌리에 붙은 세균들을 헹궈내 세균들을 분리한다. 이렇게 토마토 뿌리를 헹궈낸 물을 '뿌리 미생물 추출액'이라고 한다. 이 추출액을 랄스토니아만 자라게 만든 특별한 배지에 도말한다. 이후 하루 이틀이 지나면 랄스토니아가 붉은색을 띠면서 자라 나온다. 이것을 콜로니라고 부른다. 이 방법은 세균 하나가 콜로니를 만들었을 것이라고 가정하기 때문에 미생물 연구에서 흔히 사용한다. 콜로니 숫자를 세면 미생물 추출액 속에 랄스토니아가 얼마나 사는지 알 수 있다.

　결과는 어땠을까? 정말 이상하게도 풋마름병이 발생하지 않은

　　　　　　　　　1 토마토의 해방일지

토마토 뿌리와 병이 심한 토마토 뿌리에 있는 랄스토니아의 숫자는 전혀 다르지 않았다. 잘 이해되지 않아 여러 지역에서 채집한 토마토 뿌리로 비슷한 실험을 했지만 결과는 같았다. 하나의 토마토는 생생하고 다른 하나는 심하게 병들었는데 원인 병원 세균의 숫자는 같다? 어떻게 설명해야 할까?

실험을 담당한 공현기 박사와 이상무 박사는 많은 고민과 오랜 토의를 거쳐 몇 가지 질문과 가설을 만들어냈다. 가장 설득력 있는 가설은 병원균 밀도는 동일하지만 뿌리 주위에 있는 랄스토니아를 제외한 다른 미생물의 종류가 달라서 발생 양상이 달라진다는 것이다. 하지만 이 가설을 실험으로 어떻게 증명할 수 있을까? 병징이 없는 토마토 뿌리의 미생물 추출물 속에 이런 세균이 존재한다면, 다시 이 추출물을 새로운 토마토에 처리하면 병이 생기지 않을 것이다. 그래서 우리는 병징이 없는 토마토 뿌리의 미생물 추출액과 병든 토마토 뿌리로 만든 미생물 추출액에 건강한 어린 토마토들 뿌리를 30분 동안 담갔다가 다시 화분에 심고 1~2주간 키웠다. 이후 랄스토니아를 인위적으로 뿌리에 물 주듯이 부었다.

실험 결과 예상대로 병징이 없는 토마토 뿌리 유래 미생물 추출액에 담갔던 토마토는 병이 잘 나지 않았다. 그리고 병든 토마토 뿌리 추출액에 담갔던 토마토는 대부분 전형적인 풋마름 병징이 나타나 죽었다. 이로써 병징이 없는 토마토 뿌리에는 특별한 미생물이 존재한다는 것을 알아낼 수 있었다.

틀린 그림 찾기

이 '특별한' 미생물은 무엇일까? 어떻게 이 특별한 미생물을 찾을 수 있을까? 눈에 보이지도 않고 종류도 어마어마하게 많을 것인데 말이다.

제임스 왓슨과 프랜시스 크릭이 DNA 구조를 발견한 이후 미생물의 DNA를 이용하여 그 종류를 알아내는 학문이 발전하고 있다. 조 헨델스만Jo Handelsman이 개발한 메타지놈metagenome이 그것인데, 식물이나 환경 샘플에서 DNA만 추출할 수 있다면 미생물의 이름을 알아낼 수 있다. 여기서 미생물 이름은 학명scientific name이라고 보면 된다. 우리도 메타지놈 기술을 이용하여 마이크로바이옴을 분석하였다. (메타지놈은 DNA를 이용하여 미생물을 연구하는 분석 기술이고, 마이크로바이옴은 DNA를 분석한 미생물상을 말한다.) 풋마름병 병징이 나타나지 않은 토마토 뿌리 추출액에 존재하는 미생물과 병이 심한 토마토 뿌리 추출액에 존재하는 미생물을 비교하면서 찾는 방법이다. 일종의 틀린 그림 찾기와 같다. 약간의 비용을 들이고 컴퓨터로 오래 분석하여 알아낸 결과는 몇몇 특별한 세균 그룹이 풋마름병 병징이 나타나지 않은 토마토 뿌리에만 존재한다는 것이었다. 그런데 공교롭게도 이 세균들은 모두 그람양성 세균이었다. 그람음성 세균인 랄스토니아에 대항해서 식물을 보호하는 세균들이 그람양성 세균이라는 것이 신비로웠다. 여기서 그람음성균과 그람양성균이란 덴마크의

1 토마토의 해방일지

미생물학자 한스 크리스티안 그람Hans Christian Gram이 만든 세균 분류법에 따라 구분한 것이다. 세포벽이 두꺼워 염색 시약이 잘 스며들고 스며든 염색약이 잘 빠지지 않는 세균을 그람양성균, 세포벽이 얇아서 염색이 잘되지 않는 세균을 그람음성균으로 분류한다.

그러면 컴퓨터 분석으로 나온 결과를 생물학적으로 어떻게 증명할까? 제일 간단한 방법은 풋마름병 병징이 나타나지 않은 토마토 뿌리로부터 그람양성 세균만 쏙 빼내는 것이다. 그리고 빼낸 그람양성 세균을 병이 난 토마토 뿌리 미생물 추출액에 넣어서 더 이상 병나게 하지 못하는 것을 증명하면 되는 것이다.

말이 쉽지, 누군가가 나노 핀셋을 개발하고 1마이크로미터밖에 되지 않는 세균을 하나씩 집어낼 수 있는 기술을 개발했다고 치자. 여기서 토양과 뿌리에 있는 1억 마리 이상의 세균들을 하나씩 골라내는 데 1분이 걸린다고 상상하면 하나의 뿌리에서 세균을 골라내는 데 190년이 걸린다는 계산이 나온다. 한마디로 불가능하다! 그러면 어떻게 그람양성균을 미생물 추출액에서 분리할 수 있을까? 답은 의외로 간단한 곳에서 찾았다. 우리 실험실은 절반은 식물에 관해 연구하고 절반은 동물에 관해 연구한다. 동물에 관한 연구 중 일부에서는 항생제 내성 세균을 효과적으로 죽일 수 있는 다양한 항생제를 개발하고 있다. 그람음성 세균과 그람양성 세균 각각을 효과적으로 죽이는 항생제를 개발하는 팀이, 우리 실험에 대한 문제를 듣고는 무심하게 "그냥 반코마이신Vancomycin 처리하세요!"라고 말하는 것이 아닌가? 반코마이신은 지금까지 그람양성균을 죽이기 위해 쓰이는 항생제 중 가장 효과가 좋다고 한다.

우리는 건강한 토마토와 병든 토마토 뿌리의 미생물 추출액에 반코마이신을 부었다. 그리고 그람양성 세균이 모두 죽었을 것이라고 생각한 30분 후 병들지 않은 어린 토마토들 뿌리를 여기에 담가서 앞서 설명한 것과 동일한 실험을 했다. 이후 건강한 토마토 뿌리에서 유래한 미생물 추출액이 더 이상 랄스토니아를 막지 못해서 어린 토마토들이 심하게 병든 것을 관찰할 수 있었다. 정말 뿌리 주위의 그람양성 세균이 풋마름병이 발병하지 않도록 막은 것이다.

세균들의 연합

너무 쉽게 문제를 푼 우리는 다음 질문에 대한 대답을 준비하기 시작했다. 그렇다면 그 많은 그람양성 세균 중 어떤 놈이 진짜로 방패 역할을 하는 것일까? 이 물음을 풀기 위해서는 이미 컴퓨터로 분석한 자료를 바탕으로, 돋보기로 보던 것을 현미경 배율을 높여서 살펴보듯이 좀 더 작은 범위의 세균 이름을 조사하면 된다. 잘 알려져 있듯이 생명체를 나누는 단계는 종-속-과-목-강-문-계로 되어 있다. 우리는 '문' 정도부터 '속'과 '종'까지 천천히 배율을 바꾸며 주인공을 찾아봤다. 긴 시간을 거쳐 우리는 어떤 속이 주인공 역할을 하는 듯하다는 실마리를 얻었다. 하지만 여기서 다시 문제가 발생했다. 우리가 분석한 자료는 컴퓨터로 DNA를 분석한 자료이기 때문에 손에 잡히는 실물이 없었기 때문이다. 화면에 아무리 맛있는 빵이 있어도 그것만으로 배고픔을 달랠 수는 없다.

이상무 박사는 주인공을 직접 찾기 위해 두 종류의 미생물 추출액에서 그람양성 세균을 분리하기 시작했는데, 우리가 가진 뿌리 미생물 추출액 중에서 어떻게 다시 그람양성 세균만 골라낸단 말인가? 흙탕물처럼 온통 뿌연 것들뿐이었다. 우리는 이전 논문과 교과서를 읽으면서 두 가지 방법을 찾아냈다. 하나는 그람음성 세균을 죽이는 항생제를 넣어 그람양성 세균만 배지에서 분리하는 방법이었다. 다른 하나는 그람양성 세균은 특성상 대부분 내생포자 endospore를 만들기 때문에 섭씨 80도에서 30분쯤 열처리하면 그람음성 세균은 죽겠지만 그람양성 세균은 분리할 수 있다는 것이었다. 첫 번째 방법을 쓰니 항생제 내성 세균이 워낙 많아서 그람음성균을 완전히 제거할 수 없었다. 우리는 두 번째 방법을 이용해서 수백 개의 그람양성 세균을 분리했다. 이후 이 세균들을 하나씩 키우고 세균이 자란 액체에 어린 토마토를 담그고 랄스토니아를 부어주며 풋마름병이 잘 생기지 않는 그람양성 세균을 골라냈고, 이 그람양성 세균 중에서 이전 메타지놈 분석과 일치하는 세균들을 선발했다. 이렇게 해서 운 좋게 네 가지의 그람양성 세균이 우리 눈앞에 모습을 드러냈다.

그런데 '산 너머 산'이라는 말이 있듯이 다시 문제가 발생했다. 이 세균들을 아무리 개별 처리해도 건강한 토마토 뿌리의 미생물 추출액보다 효과가 강하지 않았다. 그래서 네 가지 세균을 두 가지씩, 세 가지씩, 마지막으로 네 가지 모두를 섞은 조합으로 만들어 동일한 실험을 반복했다. 예상했던 대로 네 가지 모두를 섞은 조합이 가장 효과적으로 풋마름병 발생을 억제했다. 하나의 세균이 병을 막는 것이 아니라 연합해서 병이 나지 않는 토마토를 만들었던 것이다.

마지막 질문

마지막으로 남은 질문이 있다. 과연 이 네 가지 그람양성 세균은 어떻게 풋마름병을 막는 걸까? 가장 간단한 답은 토양 속에서 랄스토니아를 만났을 때 강력한 항생물질을 만들어 생장을 억제하기 때문에 풋마름병이 나타나지 않는다는 것이었다. 우리는 배지 상에서 네 가지 세균을 각각, 그리고 모두 섞어서 랄스토니아와 같이 배양해보았다. 놀랍게도 개별 세균과 섞은 세균은 랄스토니아의 생장을 전혀 억제하지 못했다. 토양세균 중 일부는 식물의 면역을 증가시켜 식물이 다양한 병원균에 대해 저항성을 가지게 한다. 이를 '유도 저항성'이라고 부른다. 우리는 네 가지 그람양성 세균을 하나씩, 이후에는 두 가지부터 네 가지까지 섞어 뿌리에 붓고 랄스토니아는 줄기에 접종해서 공간적으로 직접 접촉을 하지 못하게 했다. 이런 조건에서도 네 가지 세균이 풋마름 병징을 막고 식물의 저항성 유전자 발현도 증가하는 현상을 관찰했다. 이를 통해 네 가지 세균이 직접적인 방법이 아닌 간접적으로 풋마름병을 막는다는 것을 증명할 수 있었다.

우리는 논문을 작성하고 《국제미생물생태학지ISME Journal》에 투고해서 어렵지 않게 출간하는 호사를 누렸다. 실험을 하면서 다양한 문제와 어려움에 직면했지만 함께 하는 학생들과 깊이 토론하는 과정을 거쳐 하나씩 문제를 해결한 결과였다.

개인적으로 제일 감사한 일은 이 과제를 진행하면서 내가 슬럼프에서 서서히 해방될 수 있었다는 것이다. 우리는 모든 것이 충족되면 행복해질 것이라고 상상한다. 하지만 아이러니하게도, 고된 과정 중에서 행복한 경험을 많이 하게 된다. 반대로 모든 것이 충족되더라도 자신의 목표에 도달했다고 생각한 순간 방향타를 놓친 배처럼 슬럼프에 빠지기도 한다. 집단 속에서는 다수의 결정이 옳은 경우가 많지만, 한편으로는 뼈를 깎는 노력을 하는 소수가 있기에 그 종이 유지되기도 한다. 이처럼 단체를 위해 노력하는 소수에게도 지지와 관심이 필요하다. 과학에는 변방으로 여겨지는 다양한 분야가 존재한다. 그저 그것이 좋아서 무명 가수, 무명 배우처럼 자신의 혼을 쏟아붓는 많은 과학자가 지금도 어딘가에서 피펫을 움직이고 있을 것이다. 이들에게 관심과 찬사를 보낸다. 아침이 오기 전 어둠이 가장 힘들고 짙은 법이다. 이들도 해방되는 날이 빨리 오기를 기대한다.

2

만남은
새로운 과학으로
가는 문

산소가 없어도 살아가는
세균 이야기

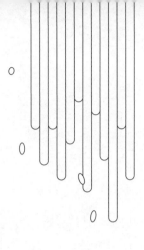

　나는 초능력자들이 등장하는 드라마 〈무빙〉을 보면서 흥분을
주체하지 못하곤 했다. 이런 거짓말 같은 이야기(물론 드라마는 사실이
아니다)는 TV에만 등장하는 것은 아니다. 자연에서도 늘 기적 같은
일들이 벌어진다. 어제 미국 ABC 뉴스는 내가 사는 집에서 20분 거
리에 있는 샌디에이고 델마르 지역 바닷가가 자연발광하고 있다고
보도했다. 파도가 치면서 이 빛들이 온 해변을 물들이고 있다고 앵
커는 목소리 톤을 높이며 말했다. 나는 오히려 그의 놀라움이 좀 신
기했다. 그 빛은 바다를 떠도는 해양 조류가 발산하는 빛이 파도와
함께 장관을 이룬 현상이다. 실제로 직접 빛을 발하는 것은 조류 속
에 사는 세균이다. 독자 여러분은 돌고 돌아 또 세균 이야기냐고 내
게 핀잔을 줄 수도 있겠지만, 세균이 없었다면 이 기적 같은 현상도,
지구도 존재할 수 없다. 이번에는 땅속으로 더 깊이 들어가보자.

똥을 삶아라!

가끔씩은 우연히 내 손에 들어온 기대치 않은 물건이 큰 행운을 가져다줄 때가 있다. 세상을 살다 보면 단순히 그냥 일어난 사건으로 여겼던 우연들이 시간이 흐르면서 엄청난 필연으로 본모습을 보이기 시작한다. 이번 이야기의 주인공들인, 산소가 없는 곳에 사는 세균(혐기세균)들과 나의 만남도 그렇게 이루어졌다. 이들은 지구에 산소가 많아지면서 땅속으로 숨어 들어간 초능력 세균들이다.

우리 실험실에서는 매주 새로운 논문을 읽는 '저널 클럽'이라는 활동을 한다. 연구자들이 개인적으로 재미있어 보이는 논문을 골라서 실험실 사람들에게 소개하는 시간이다. 한 사람이 하나씩 발표하면 듣는 사람들은 한 주에 여러 편의 논문을 읽는 효과를 낼 수 있고, 영어로 논문 읽는 능력도 키울 수 있어 대부분의 대학이나 연구 현장에서 진행하고 있는 활동이다. 하지만 재미있을 것이라 생각했던 논문의 제목에 생각지도 못하게 '낚이거나' 제목과 달리 내용이 이상해서 '대략 난감'한 경우도 많다. 나에게는 어느 늦여름에 읽었던 과학 저널 《사이언스Science》의 한 논문이 그랬다. 이 논문 제목은 인간 장내에서 새로운 세균을 발견했다는 것이었는데, 실상은 사람 똥에서 세균을 찾아내고 어떤 종인지 분류하여 보고하는 내용이었다. '이런 논문이 어떻게 《사이언스》에 실렸을까?' 하는 의문이 들었지만, 새로운 연구 아이디어를 구현하는 데 열쇠가 되어주었다. 미생물학자가 새로운 세균을 발견한다는 것은 화학자가 새로운 화학물질을 발견하거나 만들어내는 것과 비슷하다. 당장은 모르지만 언젠가 인간의 건강을 이롭게 하는 약이 될 수 있기 때문이다. 물론 병을 일으킬 수도 있다. 그러면 약을 개발하는 시발점이 될 것이다.

이 논문의 저자들은 장내 환경은 산소가 거의 없을 것이라고 가정했다. 그러면 산소 없이 살아가는 세균이 많이 존재할 것이고, 이들은 똥 속에 많을 것이다. 하지만 위장에서 소장, 대장으로 갈수록 산소의 양이 변할 텐데 세균은 어떻게 버틸까? 산소가 많으면 죽는 세균들은 가만히 죽음을 기다리며 장 속을 여행하는 (똥)기차를 타고 있을까? 생명체는 그렇게 단순하고 쉽게 죽지 않는다. 산소가 점점 많아지는 것을 인지한 세균 중 클로스트리듐*Clostridium*은 휴면포자를 만들어 잠잘 준비를 시작한다. 휴면포자만 만들면 산소가 없더라도 아주 오랫동안 버틸 수 있다(100년 이상도 버틸 수 있다고 한다!). 휴면포자의 껍질은 너무 두꺼워 산소가 침투할 수 없고, 건조함이나 항생제와 같은 환경과 화학물질에 대한 내성도 있으므로 클로스트리듐은 완벽한 쉼터를 제공받게 된다. 장속에서 새로운 세균을 찾아내려던 과학자들은 이 점에 착안했다. 똥 속에 있는 클로스트리듐은 몸 밖으로 나왔을 때 휴면포자를 만들고 있을 것이다!

이들 클로스트리듐을 분리하려면 제일 먼저 휴면포자를 만들지 못하는 세균들을 죽이는 작업이 필요하다. 섭씨 80도에 똥을 삶고(휴면포자를 만들지 못하는 세균 대부분은 고열에 모두 죽는다. 물론 냄새는

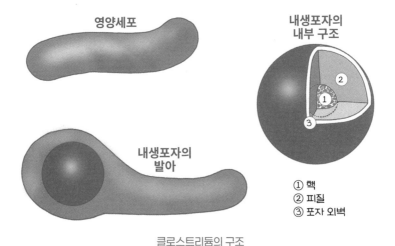

영양세포

내생포자의
내부 구조

① 핵
② 피질
③ 포자 외벽

내생포자의
발아

클로스트리듐의 구조

좀 참아야 한다), 혹시라도 살아 있을 수 있기 때문에 이 똥들을 다시 항생제로 목욕(혹시라도 고열에 살아남는 세균은 항생제에 죽겠지만, 포자는 항생제에 잘 버틸 수 있다)시키면 대부분 휴면포자를 만드는 세균만 골라낼 수 있다. 그렇지 못한 세균은 모두 죽을 테니 말이다.

그다음은 '잠자는 공주님들을 깨우는 작업'을 해야 한다. 그런데 어떻게 깨울 수 있을까? '잠자는 클로스트리듐은 자연 상태에서 어떻게 깨어날까?'에 대한 대답은 세균 입장이 되어서 생각해보면 쉽게 찾을 수 있다. 먼저 깨어나기 전에 밖에 산소가 없다는 것이 확실해야 한다. 괜히 깨어났다가 산소가 있으면 깨자마자 죽을 것이기 때문이다. 그리고 영양분이 있어야 한다. 영양분이 없으면 포자가 발아 후 얼마 지나지 않아 죽기 때문에 클로스트리듐 입장에서는 외부에 충분한 영양분이 있다는 표시가 있어야 한다. 논문의 저자들이 많은 연구를 거쳐 찾아낸 신호 물질은 소듐 타우레이트Sodium taurate 였다.

이제 마지막으로 그 배지는 반드시 산소가 없는 곳에 두어야 한다. 사실 이 단계가 좀 힘들다. 우리가 사는 세상은 언제 어디에나 산소가 있으니 말이다. 산소가 없는 환경을 만드는 것은 그리 쉽지 않다. 그래서 만든 것이 혐기 체임버anaerobic chamber다. '혐기嫌氣'란 공기를 싫어한다는 의미인데, 여기서 공기는 산소를 의미한다. '체임버 chamber'는 통을 말하는데, 단순히 산소를 제거한 통이 아니라 일종의 미생물 배양기다. 산소 대신 질소를 채워 클로스트리듐이 살 수 있는 환경을 인위적으로 만든 것이다. 언뜻 보면 그냥 투명 플라스틱 박스처럼 생겼지만 혐기 상태를 유지해야 하므로 고급 장비들이 장착되어 있어 가격이 비싸기 때문에 일반 실험실에서는 구비하기 힘들다.

마침 우리 실험실에는 두 대의 혐기 체임버가 있었다. 우리 실험실이 부자라서 그런 것은 아니고, 연구원에서 대학으로 이직한 박사님 두 분이 각각 한 대씩 두고 떠나면서 마땅히 관리할 사람이 없어 나를 관리 책임자로 적어놓는 바람에 내가 혐기 체임버의 아버지가 되어버렸다. 한동안 두 대의 혐기 체임버는 애물단지로 여기저기 자리를 옮겨가며 폐기되는 수순을 밟고 있었다. 이렇게 오랫동안 잠자던 혐기 체임버가 클로스트리듐의 소듐 타우레이트라는 키스를 맞이하게 되었다. 한국식물병리학계의 거목인 이용환 교수님과의 만남, 그리고 농촌진흥청에서 신청한 벼에 서식하는 미생물에 관한 연구비 계획서를 작성하면서부터였다.

뭔가 새로운 것

똥에서 세균을 분리한 《사이언스》의 논문이 벼도열병의 세계적 대가인 서울대학교 이용환 교수님과의 3년간의 공동 연구로 이어지리라는 것을 당시에는 꿈에도 몰랐다.

이 연구는 미국 뉴멕시코주의 산타페라는 작은 마을에서 시작되었다. 보통 자동차 이름으로 기억하지만 산타페는 뉴멕시코주의 대표적인 휴양도시다. 고도가 높기 때문에 도착 후 며칠 동안 가슴이 조여드는 이상을 호소하는 분이 많은 곳이다. (물론 며칠 지나면 괜찮아진다.) 여기서 처음으로 식물 마이크로바이옴Phytobiome 학회가 열렸다. 당시 인간 마이크로바이옴은 미국뿐 아니라 유럽에서 많은 연구비를 지원받았지만 식물 마이크로바이옴은 그렇게 관심을 받지 못했다. 나는 운 좋게 초청 연사로 초청받아 댈러스를 거쳐 앨버커키로 가서 버스를 탔다(당시 비행기를 기다리면서 도널드 트럼프가 대통령이 되었다는 CNN 뉴스를 들었던 일이 기억난다. 이제 다시 트럼프가 대통령이 되었다니 비현실적으로 느껴진다). 버스를 타고 산타페에 도착하니 한국에서도 보기 힘들었던 이용환 교수님이 호텔 로비에 계신 것이 아닌가? 너무 반가워서 짐만 방에 두고 함께 저녁을 먹으러 갔다. 학회 기간 내내 참석한 한국 사람은 세 명뿐이어서 늘 교수님과 같이 다니는 호사를 누렸다. 늦은 저녁 식사를 위해 찾은 바에는 사람이 가득했는데, 트럼프가 대통령이 되어 큰일이라는 걱정들로 채워졌던 것으로 기억한다. 식물 마이크로바이옴 관련 발표와 토론은 일주일 동안 이어졌다. 이를 계기로 이용환 교수님은 그때까지 연구한 벼의 병원균인 도열병보다는 벼에 병을 일으키지 않는 세균과 곰팡이를 연구하는 것으로 방향을 바꾸셨다.

한국에 돌아와서 이용환 교수님과 같이할 수 있는 과제를 찾던 중에 농촌진흥청에서 벼의 뿌리에 서식하는 세균을 이용하여 벼의 생장을 촉진하고 병을 막는 방법에 대한 연구 과제를 제시했다. 나는 영남대학교의 전준현 교수님과 더불어 벼 미생물 연구 삼총사를 조직하여 연구를 시작했다. 내가 맡은 부분은 벼의 뿌리에서 혐기세균을 분리하는 것이었다. 논은 지표에서 불과 몇 센티미터만 내려가면 산소가 거의 없는 혐기 공간이다. 그곳에는 당연히 산소를 싫어하는 미생물들이 옹기종기 모여 살고 있을 것이다. 새로운 것을 찾고 있던 나의 눈에 창고에 처박혀 있어 먼지가 두껍게 쌓여 있던 혐기 체임버가 들어왔다.

저널 클럽에서 읽은 제목만 재미있었던 논문을 참고하며 공기를 최대한 차단하여 벼의 뿌리를 잘 채취해 실험실에 가져왔다. 그다음에는 해당 논문 발표자들이 똥에 했던 대로 열처리와 항생제 목욕을 시킨 후 여러 번 항생제를 씻어냈다. (나중에 깨어나자마자 항생제 때문에 죽는 것을 방지하기 위해서다.) 이렇게 항생제 물을 뺀 다음 혐기 체임버에서 소듐 타우레이트를 넣은 배지에 도말해 배양했더니 많은 세균이 자라났다. 지금까지 우리가 잘 몰랐던 세균들이 우리에게 인사를 건네고 있었다.

그동안 벼 뿌리에서 혐기세균을 분리한 경우는 거의 없었다. 그 이유는 분리하는 방법을 제대로 적용하지 않았기 때문이다. 고가의 혐기 체임버를 벼 뿌리 세균 분리에 이용하기가 어려웠을지도 모르겠다.

혐기세균은 어디에 있을까

우리나라에서는 처음 벼를 재배하기 시작한 시점을 삼국시대라고 치면 1,000년 이상 벼를 재배했기 때문에 혐기 미생물도 우리와 1,000년 이상 같이 있었겠지만 찾아내는 기술이 없어서 우리가 잘 모르고 있었다. 1,000년 이상 벼를 계속 재배한 곳에는 어떤 미생물이 있는지에 늘 관심을 가지고 있었기에 개인적으로 이 연구에 애착이 갔다(지금도 그렇다). 이용환 교수님과 과제를 시작하면서 전국적으로 다섯 곳에서 벼를 계속 재배하고 농민들에게 기술을 전수하는 농업기술원에 연락해서 우리 과제의 성격을 설명하고 협조를 구했는데, 흔쾌히 샘플 채취를 허락해주셨다.

우리는 먼저 벼 뿌리에서 DNA를 뽑고 거기서 세균 DNA를 다시 분리해서 어떤 종류의 세균이 있는지 확인해보았다. 샘플에서 혐기세균을 분리해내려면 천문학적인 시간이 필요하다. 보통 한 사람이 50~100개의 혐기세균을 분리하는 데 이틀 정도 걸린다. 1만 개 정도는 분석해야 어떤 종류가 있는지 패턴을 알 수 있는데, 그럼 짧게 잡아도 200일간 쉬지 않고 매달려야 한다. 게다가 조사해야 하는 지역이 다섯 군데에 이르면 문제가 또 달라진다. 1,000일이 걸린다. 세균 분리만 하다가 박사과정을 보내버릴 수도 있다. 이럴 때는 나무를 하나씩 관찰하여 그 산의 수종을 알아내는 방법 대신 드론을 띄워 산 전체를 훑어보는 것처럼 살필 필요가 있는데, 이때 이용하는 방법이 앞서 언급한 DNA 분석을 이용한 세균 종류 분석이다. 바로 메타지놈 분석법이다.

메타지놈으로 분석한 벼 뿌리 세균들의 분포는 우리의 상상을 뛰어넘었다. 먼저 지역별로 나타나는 패턴이 전혀 달랐다. 하지만 공통적인 특징도 하나 있었다. 우리는 DNA를 분리할 때 벼 뿌리가 없는 부분의 토양세균, 벼 뿌리 주위(근권)에 있는 토양세균, 벼 뿌리에 있는 세균, 그리고 마지막으로 벼 뿌리 속에 있는 세균을 구분하여 메타지놈 분석을 했다. 독자 여러분은 이때 어느 곳에 혐기세균

2 만남은 새로운 과학으로 가는 문

이 더 많을 것이라고 생각하는가? 나는 뿌리가 없는 흙에는 별로 없고 뿌리 속에 많을 것이라 생각했다. 결과는 정반대였다. 벼 뿌리 속에는 혐기세균이 거의 없었고 토양 속에 가장 많았다. 신기하게도 토양에서 뿌리 속으로 갈수록 혐기세균의 밀도가 급격하게 줄어드는 것을 다섯 지역 모두에서 채취한 세균의 메타지놈 패턴이 보여주었다. 왜 그럴까? 이용환 교수님은 간단하게 설명해주셨다.

원인을 이해하려면 벼가 어떻게 논에서 살아가는지를 이해할 필요가 있다. 원래 벼는 물속에서 자라는 수초였다. 지금도 필리핀 일대에 원시 벼가 자라고 있다고 한다. 이 벼를 인간이 교배를 통하여

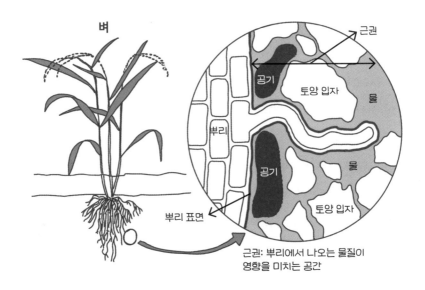

벼

근권

공기

토양 입자

물

뿌리

공기

물

뿌리 표면

토양 입자

근권: 뿌리에서 나오는 물질이
영향을 미치는 공간

뿌리가 물속에 잠겨 있어 공기가 통과하지 못하는 혐기 조건인 근권

뿌리는 물속에 있지만 잎과 열매가 물 밖에 나와서 자라게 만들었다. 이 과정에서 벼는 뿌리에 산소를 공급해야만 했다. 혐기 조건에서 자라는 식물은 아직 발견되지 않았다. 물속에 있었기 때문에 벼는 산소가 극히 희박한 조건에서도 발아는 할 수 있다. 하지만 충분히 자라는 데는 산소가 꼭 필요하다. 그래서 벼는 잎에서 산소를 포집해서 뿌리까지 가는 고속도로를 만들었다. 벼의 구조를 보면 긴 빨대처럼 생겼다. 이 빨대를 통해서 벼는 뿌리 끝까지 산소를 전달한다. 그래서 뿌리 속에 혐기세균들의 밀도가 거의 없는 것이다.

혐기세균이 벼 뿌리 근처에 많은 이유

그렇다면 한 가지 질문이 생긴다. 벼 뿌리에서 분리한 혐기세균이 뿌리 속으로 가면서 그 밀도가 줄어든다면 과연 혐기세균과 벼 뿌리는 상호작용한다고 할 수 있을까? 그렇다! 우리는 이 질문에 답하기 위해서 분리한 혐기세균을 벼에 직접 접종해서 벼가 어떻게 반응하는지 관찰했다. 혐기세균의 휴면포자를 모아서 농도가 높은 한천배지에 넣고 굳힌 다음 여기에 벼를 심어 자라게 했다. 혐기 조건을 유지하기 위해 한천 위에 물이나 오일을 채워 산소가 한천배지 속으로 들어가지 못하게 했다. 혐기세균을 위한 영양분은 거의 넣지 않았는데, 그 이유는 벼가 발아하고 자라면서 광합성하며 만든 당과 같은 산물들이 뿌리를 통하여 퍼져 나가므로 이 세균들의 먹이로 충분할 것이라고 생각했기 때문이다.

혐기세균이 벼와 상호작용한다면, 혐기세균이 있는 것과 없는 조건에서 벼가 조금이라도 다르게 자라면 그 원인은 혐기세균이라고 할 수 있다. 혐기세균을 접종한 곳에 벼 씨앗을 심고 시간별로 관찰해보니 혐기세균이 있는 곳에서 잘 자라는 것을 확인할 수 있었다. 여전히 궁금한 점이 있었다. 뿌리에 혐기세균이 있을 때 벼의 건강이 좋아져서(벼의 면역이 유도되어) 병에 걸리지 않는지 여부였다. 그래서 잎에 세균병을 일으키는 벼줄무늬잎마름병균Xanthomonas oryzae pv. oryzae을 접종했더니 병이 잘 나지 않는 것을 관찰할 수 있었다. 그렇다면 두 마리 토끼를 잡을 수 있다. 벼 수확량을 늘리고 병도 잡을 수 있어 일거양득이다.

농촌진흥청의 협조를 얻어 바로 논 조건에서 실험을 진행했다. 2년간의 실험 결과 실내에서 실험했던 것과 같이 수확량이 확실히 증가하여 생물 비료로 사용할 가능성을 보였다. 혐기세균을 농업에 이용하는 방안이 보고되어 있지 않았기 때문에 우리는 특허도 출원했다.

혐기세균을 농업에 이용하면 어떤 장점이 있을까? 상품화하기 쉽다는 것이다. 산소에서 발아하는 휴면세균의 경우 제품으로 만든 후 농업 현장에 사용하기 전에 발아해서 제품의 효능이 사라지는 문제점이 있다. 그렇다고 해서 발아 억제제를 같이 넣으면 발아가 너무

저조해서 또 다른 문제를 야기할 수 있다. 하지만 혐기세균은 제품으로 만들어 팔아도 발아 걱정이 없다. 혐기 조건을 만나기 전에는 절대 발아가 되지 않기 때문이다. 논과 같이 산소가 희박한 곳에서만 발아하기 때문에 특별한 처리를 하지 않아도 상품화할 수 있다.

혐기세균의 결정인자는?

그래서 해피엔딩일까? 아직 끝나지 않았다. 미생물학에는 결정인자determinant라는 말이 있다. 어떤 표현형이 나타나게 하는 결정적인 인자를 의미한다. 앞의 실험에서 결정인자는 벼의 표현형인 병 감소를 일어나게 하는 혐기세균의 인자가 무엇이냐는 것이었다. 우리는 식물의 면역을 증진하는 혐기세균은 뷰티르산butyrate, butyric acid을 만들어내고, 그렇지 않은 세균은 만들지 못하는 것을 발견했다. 과학에서 결론을 만들 때 상관관계는 중요한 인자인데, 식물 면역의 강도와 뷰티르산 농도는 거의 일대일의 상관관계가 있었다. 뷰티르산이 결정인자임을 관찰한 우리는 이 물질이 실제 토양 속에서 만들어지는지를 관찰하고 싶었다.

하지만 모든 실험은 실패로 돌아갔다. 실험실에서 클로스트리듐이 물질을 생산하는 조건을 완벽하게 이해하지 못했기 때문이다. 그러면 어떻게 증명할 수 있을까? 답은 또 유전자 발현을 조사함으로

써 찾을 수 있었다. 세균이 뷰티르산을 생산하는 경로는 잘 알려져 있었기 때문에 이 경로 중간에 있는 단백질(효소)의 유전자RNA를 분석해보니 벼가 자라나는 것과 더불어 뷰티르산이 생산된다는 것을 알 수 있었다.

이후 뷰티르산을 구입하여 직접 벼에 접종해보니 혐기세균을 접종한 것과 동일한 효과가 나타났다. 밭작물인 고추에 이 물질을 처리해도 잘 자라고 병이 감소하는 것을 관찰할 수 있었다. 고추도 클로스트리듐과의 인연이 생각보다 오랫동안 지속되었다는 것을 알 수 있는 대목이다. 고추와 같은 지상식물과 혐기세균의 상호작용에 대한 연구가 더 필요하다.

우리가 보지 못했던 혐기세균과 식물의 '밀당'은 예상보다 훨씬 오래전부터 시작된 것 같다. 단지 우리가 기술적으로 접근하지 못했기 때문에 몰랐을 뿐이다. 우연찮게 다른 사람이 버리고 간 먼지 쌓인 작은 기계와 제목만 보고 골랐던 이상한 논문의 합작품으로 이렇게 새로운 발견을 할 수도 있다. 이후로 나는 늘 보는 곳만 보는 고정관념에서 벗어나려고 노력한다. 물론 이용환 교수님과 산타페에서 우연히 만난 일도 빼놓을 수 없다. 우리가 만나는 우연은 우연을 가장한 필연인 경우가 많다. 나이가 들면서 더 그런 확신이 드는 것은 왜일까?

3

땅은 네가 지난 여름에 한 일을 알고 있다

흙도 기억할 수 있을까

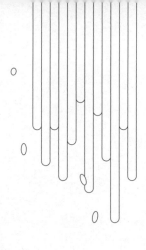

혹시 식물 한 그루 앞에서 가슴이 뭉클한 적이 있는지? 아마 가슴 뭉클해지는 대상이 식물인 경우는 많지 않을 것이다. 나는 미국에서 연구년을 보내기 위해 출국하기 전에 많은 것을 정리해야 했다. 먼저 냉장고에 있는 음식을 모두 처분하고 전원 플러그를 뽑았다. 이참에 필요 없는 옷과 생활용품들은 버리거나 무료 나눔도 했다. 세월이 흐르면서 버려야 하지만 계속해서 내 주위에 덕지덕지 붙어 있는 것이 많았음을 새삼 느꼈다.

다시 만난 방울토마토

특히 정리하기 힘들었던 것은 화분들이었다. 실험실 사무실에

3 땅은 네가 지난여름에 한 일을 알고 있다

있는 오래된 식물들은 눈물을 머금고 주위 동료들에게 입양을 보내거나 버려야 했다. 식물을 전공하다 보니 오랫동안 정들었던 식물들을 쉽게 버리기 힘들었다. 정리하기 제일 힘들었던 화분은 우리 집에 있는 '토토'였다.

토토는 아들이 군대에서 제대하면서 기념으로 심은 1년 된 방울토마토다. 싹을 내는 것부터 힘들었는데, 꽃이 피어도 수정이 되지 않고 토마토가 열리지 않아 온 가족 마음을 졸이게 했다. 우여곡절 끝에 방울토마토 하나가 열리고 초록색에서 빨갛게 변해가는 열매를 보며 얼마나 기뻐했는지. (그래서 이름을 토토라고 지어주었다.) 1년 넘게 집을 비우게 되어 토토를 어떻게든 처리해야 했는데, 우리의 추억이 깃들기는 했지만 겉보기에 너무 보잘것없는 토토를 맡아줄 사람을 찾기는 쉽지 않았다. 그래서 한국을 떠나기 이틀 전 아들과 함께 아파트 테니스장 근처 산책길 옆 양지바른 곳의 땅을 파고 토토를 심었다. 무거운 마음으로 발길을 돌려 산책길을 내려오면서 꼭 잘 커서 다시 열매를 맺기를 기도했다.

5월 말에 한국을 떠난 나는 개인적인 일로 9월 초 잠시 한국에 왔다. 짐을 풀고 창밖을 멍하니 보고 있는데 테니스장 옆 산책길이 눈에 들어왔다. 얼른 물병에 물을 채우고 떨리는 마음으로 산책길에 접어들었다. 여러 가지 마음으로 심장이 요동쳤다. 버린 반려견을 다시 보러 유기견 센터로 향하는 주인의 심정으로 석 달이 지난 기억을 더듬어 위치를 확인했다. 유난히 무더웠고 비도 많이 왔던

2023년 여름, 토토는 과연 잘 견디고 살아 있을까? 기대 이상으로 토토는 새로운 가지도 내고 키도 많이 큰 건강한 상태로 나를 맞이했다. 얼마나 가슴이 뭉클하던지, 한참 동안 보고 있다가 가지고 간 물병의 물을 주고 근처에 있는 나뭇가지를 다듬어 다시 만든 지지대로 조금 누워 있던 토토를 바로 세워주고 산책길을 내려왔다. 내려오면서 문득 이런 질문이 떠올랐다. '토토는 우리가 버리고 간 일을 기억할까?'

토토가 기억하지 말았으면 하는 우리의 바람은 실현될 수 있을까? 더 근본적으로, 식물도 기억을 할까? 한다면 어떻게 기억할까? 이번 장에서는 식물의 기억에 관해 이야기할 것이다. 과연 기억이 무엇인지, 식물의 기억은 어떤 기능을 하는지 등 조금은 황당한 질문에 대한 답을 찾아갈 것이다.

식물은 알고 있다

내가 식물의 기억에 대해 처음으로 접한 계기는 대니얼 샤모비츠의 책 《식물은 알고 있다What a plant knows》(2013)를 감수하면서였다. 제목이 너무 재미있어서 영어로 된 책을 읽고 개인적으로 번역해보려고 준비하던 차에 출판사에서 먼저 연락이 왔다. 국내의 많은 식물학자 중 나에게 연락한 이유를 묻자 출판사 편집자는 번역자가 나를 지목했다고 답했다. 책 내용 중 2009년 12월에 우리 실험실에서 발표한 논문이 소개되어 있다는 것이었다. 이 책은 식물의 오감에 대해서 다루고 있다. 저자가 식물학과 동물학을 공부했기에, 50년 전에 발표된 《식물의 정신세계》 같은 책에서 다루는 오컬트 영화 같은 흔적은 발견할 수 없다. 순전히 과학적인 시각과 연구 결과를 바탕으로 기술되어 있다. 총 6개의 장으로 구성되어 있는데 마지막 장 제목이 나를 사로잡았다. '식물은 어떻게 기억하는가.' 소제목만 보더라도 약간의 냄새를 맡을 수 있을 것이다. "파리지옥풀의 단기 기억, 트라우마에 빠진 도깨비바늘, 죽을 뻔한 경험, 세대에 걸쳐 유전자에 각인된 생존의 기억, 식물은 '지적'이다?"

이 책에서 저자가 뛰어나게 기술한 부분은 '정의definition'에 대한 생각이다. 식물의 기억에 대해 말하기 위해서는 '기억'에 대한 정의를 다시 할 필요가 있다. 우리의 상식처럼 뇌가 시냅스를 이용한 전기적 자극을 특정 세포에 저장하는 것이라고 기억을 정의해버리면 뇌가 없는 식물에 관해서는 이야기의 시작점을 찾지 못할 것이다.

뇌가 없는 식물에서는 '어떤 사건이 그다음에 벌어지는 사건에 영향을 주고 일련의 일들이 일관되게 일어났다'면 그 식물은 기억을 한다고 봐야 할 것이다. 여기서는 이 점을 식물의 기억의 시작점으로 삼아 '기억' 여행을 하려고 한다. 이번 여행에서 같이하는 동료는 네덜란드 위트레흐트대학교Utrecht Univeristy의 피터 바커Peter Bakker 교수님이다. 현재는 은퇴해서 와이프와 편안한 노후를 보내신다고 한다.

과학자들의 끝없는 경쟁

　과학은 경쟁을 통해서 발전한다. 과학자들의 경쟁은 과학 발전을 가속하는 엄청난 추진력으로 작용한다. 이 경쟁은 보통 논문이나 학회 발표를 통해서 일어난다. 피터 바커 교수는 내가 석사와 박사 과정을 밟는 동안 발표한 논문으로 널리 이름이 알려진 유명 인사였다. 우리는 국제 학회에서 자주 만나다 보니 친해졌고, 특히 비슷한 분야를 연구하다 보니 동료로 시작해서 경쟁자로 발전하게 되었다.

　바커 박사와의 인연은 1991년으로 거슬러 올라간다. 1991년 바커 박사는 내가 8년 뒤 만나게 되는 조셉 클로퍼Joseph W. Kloepper 교수님과 논문 발표에 관한 문제로 경쟁하게 되었다. 뿌리에 사는 세균이 식물의 면역을 증가시켜 병을 막는다는 '전신 유도 저항성Induced systemic resistance'의 발견을 두고 누가 먼저 발표했는지에 대한 논쟁이 불붙은 결과였다. 같은 해에 전혀 독립적인 세 개의 그룹이 같은 현상을 발표하고 이것이 과학계에 큰 반향을 불러일으켰기 때문에 누가 먼저 발표했는지 공인받는 것이 중요했다. 이 논쟁 때문에 내가 1999년 클로퍼 교수님 실험실에서 박사과정을 시작할 때까지도 서로가 서먹한 관계를 유지하고 있었다. 클로퍼 교수님이 미국식물병리학회에 먼저 포스터를 발표했다는 의견이 받아들여지고, 논문으로 먼저 발표한 바커 교수가 두 번째 발견자로 받아들여지면서 이 논쟁은 끝났다. 결국 내가 박사과정에 있을 때 클로퍼 교수님은 네덜란드로 날아가서 위트레흐트대학교 연구팀과 장시간 토론하여 서로 협력 관계를 유지하기로 하고 문제를 일단락 지으셨다. 하지만 이후 로도 두 그룹 간의 실질적인 협력은 이루어지지 않았다. 이제는 두 분 모두 은퇴하고 나 같은 2세대 과학자들이 뒤를 잇고 있다.

내가 박사과정을 마치고 한국으로 돌아와 한때 집중했던 실험 중 하나는 곤충의 공격에 대항하기 위해 식물이 뿌리에서 특별한 물질을 분비하여 곤충을 막을 수 있는 유용 미생물을 끌어들인다는 것이었다. 이렇게 식물이 끌어들인 유용 미생물은 직접 곤충을 죽이거나 식물의 면역을 증가시켜 곤충의 공격을 막아낸다. 2006년부터 5년 이상 이 주제에 대한 실험을 하고 있던 나는 비슷한 실험을 바커 교수팀도 하고 있다는 사실을 알게 되었다. 2011년 중국 베이징에서 열린 제2회 아시아 식물생장촉진균학회The 2nd Asia PGPR Conference에서 나와 바커 교수가 같은 세션에서 발표하게 되었는데, 미리 공개된 발표 제목과 초록을 읽으면서 너무도 비슷한 내용에 큰 충격을 받았다. 바커 박사팀은 곤충 대신 곰팡이병을 접종했고, 우리가 사용한 고추 대신 애기장대라는 식물을 사용했다. 나머지 내용은 거의 동일했다.

내 지도교수였던 클로퍼 교수님과 바커 박사의 악연이 대를 이어 나와 연결되는 것 같았다. 학회를 다녀온 나는 실험실 사람들에게 이전에 클로퍼 교수님과 벌어진 일과 이번 학회에서 일어난 일을 알리고, 빨리 논문화하기로 다짐했다. 이로써 경쟁은 실험실이 발전하는 큰 원동력이 되었다. 그래도 논문화하기까지는 5년이나 걸렸고, 2016년 9월 우리는 논문을 발표했다. 그동안 매주 바커 박사 그룹이 비슷한 논문을 내지 않을까 노심초사하면서 최근 발표된 논문들을 점검하곤 했다. 그런데 이상하게 우리가 논문을 내고도 한동안 바커 박사 그룹은 어떤 비슷한 논문도 발표하지 않았다. 너무 조용하여 불안하기도 했는데, 추측하기로는 우리가 발표한 논문과 내용이 비슷하여 논문을 다시 정비하는 듯했다.

토양의 기억법

드디어 2018년 6월 바커 박사의 논문이 발표되었다. 내용은 우리가 발표한 논문과 유사했지만 마지막 부분에 추가한 결과는 우리를 놀라게 했다. 2년 동안 우리의 결과를 능가할 만한 아이디어를 추가하여 논문을 낸 것이다. 내용은 이렇다. 애기장대 잎에 흰가루병 곰팡이를 접종한 후 뿌리의 세균들이 어떻게 바뀌는지 관찰해보니 곰팡이를 접종하지 않은 경우와 비교해 크게 변화했다. 여기까지는 우리의 논문과 비슷하다. 곤충이 고춧잎을 먹을 때 고추 뿌리에 유용세균들이 모여든다. 이후 곤충을 죽일 수 있는 독소를 만들어내는 세균의 밀도가 높아진다는 사실을 우리도 확인했다. 바커 교수는 여기서 한 단계 더 나아간 실험을 했다. 흰가루병을 접종한 애기장대

3 땅은 네가 지난여름에 한 일을 알고 있다

뿌리에 유용 세균이 모여드는 것을 관찰한 다음 애기장대를 뽑아버리고 그 자리에 다시 어린 애기장대를 심었다. 2세대에 걸친 실험을 진행한 것이다. 만약 유용 토양세균이 그대로 존재한다면 그다음에 다시 심은 애기장대가 흰가루병에 저항성을 가질 것이라는 가설을 세운 것이다.

결과는 예상했던 대로 흰가루병이 적게 나타나 애기장대가 좀 더 건강해졌다. 여기까지만 보면 큰 발견 같지 않지만, 애기장대 대신 농작물로 확대해서 생각해보면 이야기는 달라진다. 애기장대는 2~3개월 만에 종자에서 자라서 다시 종자를 맺을 수 있을 정도로 빨리 자라는 모델 식물이다. 한해살이 작물인 고추를 예로 들면, 어느 해에 병이 퍼져서 고추 수확이 힘들 정도로 상황이 좋지 않았다면 대부분의 농민들은 고추를 다시 심지 않고 옥수수와 같은 다른 작물로 윤작을 한다. 하지만 이듬해 다시 고추를 심으면 토양 속의 유용 세균이 계속 존재하면서 고추를 보호하는 것이다. 이 현상은 토양 기억soil memory 또는 토양 유산 효과soil legacy effect라는 용어로 불리게 되었다. 이 논문 하나로 바커 교수는 다시 유명해졌고, 이 분야에 또 하나의 큰 족적을 남기고 화려하게 은퇴했다.

식물의 기억에 대해 계속 고민하고 있던 나에게 토양을 통한 식물의 기억법은 너무나 새롭게 다가왔다. 동시에 조금만 더 생각했으면 우리 실험실에서 먼저 발견하고 토양 기억 개념을 먼저 발표할 수 있었을 것이라는 아쉬움도 남았다. 아무튼 과학에서 경쟁이 새로운 개념을 만들어내고 이것이 과학이 좀 더 앞으로 나갈 수 있는 방향과 동력이 된다는 사실을 배울 수 있는 좋은 기회였다.

이후 토양 기억에 관련해 발표된 비슷한 논문들에 따르면 애기장대가 아닌 토마토 같은 식물들로도 이 현상을 증명할 수 있었다. 병이 아니라 환경 스트레스에 의해서도, 다음 세대에 환경 스트레스에 대한 내성을 증가시키는 미생물이 토양 속에 존재하게 된다는 연구 결과도 보고되었다. 토양은 작년에 식물이 어떤 스트레스를 받았는지 고스란히 기억하고 있는 것이다.

토양과 식물의 피드백

이 발견에서 또 하나 기억할 부분은 긍정적인 토양 피드백positive soil-feedback의 중요한 예시라는 것이다. 농업은 어쩌면 자연을 파괴하는 가장 확실한 방법일지 모른다. 하나의 식물종을 한정된 공간에 매년 심고 일정한 수확을 기대하면서 온갖 기술(비료와 농약)을 동원하기 때문이다. 하지만 자연은 다양성이 생명이다. 푸른 초원에 가보면 온갖 식물이 섞여 생태계를 이루며 살아간다. 자연계는 하나의 식물이 우점하는 것을 쉽게 허락하지 않는다. 농민들은 경험적으로 하나의 작물을 밭이나 논에 심고 수확한 다음 다시 동일한 작물을 심을 때 발생하는 문제를 해결하기 위해 오랫동안 노력해왔다. 부정적인 토양 피드백negative soil-feedback이라고 불리는 이 현상은 상식으로 받아들여졌다. 대표적인 작물이 인삼과 참깨이다. 인삼의 경우 6년근 인삼을 수확한 후 다시 동일한 흙에 인삼을 심는 바보는 없다. 적어도 10~15년간 땅에 아무것도 심지 않는 휴경을 해야 한다. 참깨도 올해 수확한 땅에 다시 참깨를 심으면 수확하지 못할 정도로 초기에 병에 걸려 죽는다.

그 이유는 대부분의 토양 전염성 곰팡이와 세균들이 토양에 누적되어 그다음 해 동일한 작물이 들어오면 쾌재를 부르면서 맛있게 뿌리를 먹어버리기 때문이다. 초기에 병에 걸린 식물들은 회복하기 힘들어 꽃을 피우는 영양생식 단계까지 갈 수 없다. 한마디로 수확을 하지 못한다. 비슷한 상황에서는 부정적인 토양 피드백만 존재한다고 생각한 농민들과 과학자들의 시각을 바꾼 것이 바커 박사의 가장 큰 기여다.

그러면 어떻게 식물에 유용한 미생물들이 모여들까? 아직까지 정확한 답은 잘 모른다. 하지만 몇 가지 추측해볼 여지는 있다. 중요한 것은 장소다. 지금까지 이야기한 모든 일이 뿌리 주위에 있는 1~2밀리미터밖에 되지 않는 아주 좁은 영역에서 일어난다. 이 영역은 1밀리미터밖에 되지 않지만, 크기가 1마이크로미터인 세균에게는 자기 키보다 1,000배나 큰 공간에 대한 이야기이다. 키가 180센티미터인 사람이라면 반경 1.8킬로미터에서 일어나는 일에 관한 이야기다. 여기서 가장 중요한 인자는 풍부한 먹이가 계속 공급되는 장소라는 점이다.

널리 알려진 바로는, 식물은 광합성으로 만든 포도당의 30퍼센트를 뿌리를 통해서 토양으로 누출한다. 왜 이런 쓸데없는 짓을 하는지는 아직 잘 모른다. 식물은 고생해서 만든 음식을 그냥 토양에 뿌려주는 자선가를 자처하고 있는 것이다. 왜 오랫동안 그렇게 해왔을까? 그 영양분의 대부분의 수요자는 뿌리에서 1밀리미터 내에 존재하는 미생물들이다. 그래서 이 1밀리미터 내에 식물과 함께 잘 적응한 미생물이 모여 살게 된 것이다. 먼저 적응하여 거기에 있는 것인지, 살아가다 보니 그렇게 되었는지는 잘 모른다.

이제 과학적으로 접근해보자. 유명 생태학자 로런스 바스 베킹Lourens Baas Becking의 유명한 문장으로 설명해보자.

"모든 것은 모든 곳에 있다. 단지 환경이 선택할 뿐Everything is everywhere, but, the environment selects."

이제 이 말을 지금 우리가 가진 문제에 적용해보자. 식물의 광합성 산물이 뿌리로 많이 흘러나오고 이것을 미생물들이 먹고 사는 건 안다. 그런데 어떻게 토양 기억 효과가 나타날 수 있을까?

모든 것은 모든 곳에 있다

여기서 모든 것은 미생물이라고 생각해보자. 그렇다, 미생물은 모든 곳에 존재한다. 미생물이 존재하지 않는 곳을 찾으려면 아마 우주정거장으로 가야 할지 모른다. 사실 우주정거장도 미생물 오염이 심각하여 거기에서 식물을 키우는 실험을 했을 때 원하지 않는 곰팡이와 세균이 너무 많이 자라서 골머리를 앓았다는 이야기를 들은 적이 있다. 미생물이 없는 공간이라고 생각되는 곳이 있는가? 과학자들은 생명체의 수정이 일어나는 곳에는 적어도 미생물이 없다고 생각했다. 하지만 태아가 존재하는 자궁 속, 식물의 종자 속에서도 다양한 세균이 발견되면서 그 생각이 고정관념임을 깨닫게 되었다.

이야기의 주제인 토양은 지구 상에서 가장 다양한 미생물의 보고다. 인간의 장내와 바닷물보다 훨씬 다양하고 많은 미생물이 존재한다고 알려져 있다. 왜 그래야만 할까? 아직 잘 모른다. 하지만 토양 속의 다양한 미생물은 생태계를 떠받치는 중요한 주춧돌이다. 지구가 멸망하기 전에 가장 먼저 일어나는 일은 아마 토양 미생물의 다양성이 급격히 감소하는 현상일 것이다. 식물이 지속해서 음식을 제공해주기 때문에 토양 미생물의 다양성과 수가 유지되는 것이다.

환경이 선택할 뿐

우리의 조건에서 환경은 식물이다. 더 자세히 말하면 식물이 포도당을 포함한 다양한 물질을 분비하는 뿌리 주위 1밀리미터의 환경이다. 이 환경에서 어떤 일이 일어나길래 '토양 기억'이 일어나는 것일까? 식물이 만들어내는 물질을 대사산물이라고 하는데 크게 1차 대사산물과 2차 대사산물로 나눌 수 있다. 1차 대사산물은 대부분 포도당을 포함한, 생명체라면 누구에게나 필요한 물질이다. 물론 미생물은 주로 이것을 먹을 것이다. 하지만 여기에 중요한 것은 2차 대사산물이다. 식물 생장에 직접적인 필요는 없지만 살아가는 데 중요한 물질들이다. 이 물질들은 대부분 스트레스 상황에서 만들어진다. 먹으면 몸에 좋다는 인삼의 약용 성분이나 다른 식물 등의 향과 맛은 대부분 2차 대사산물에 해당한다. 미생물들은 식물이 만들어내는 2차 대사산물에 아주 민감하다. 여기서 민감하다는 말은 쉽게 죽을 수 있다는 뜻이다.

가령 식물 뿌리에서 만들어내는 쿠마린이나 살리실산 같은 물질은 미생물에게 독성을 발휘할 수 있는 페놀이라는 화학구조를 가지고 있다. 이를 분해하거나 이겨내는 기전이 없으면 미생물은 죽게 된다. 식물은 주로 페닐프로파노이드 기전Phenylpropanoid pathway으로 이런 물질들을 만들어낸다. 사실 많이 만들면 자신도 위험하기 때문에 자연상에 있는 식물들은 아주 정교하게 조절하고 있다. 이 물질들 때문에 미생물들이 선택적으로 살아남을 것이다.

단지

놓치기 쉽지만, 여기서 '단지'는 중요한 의미가 있다. 모든 곳에 고르게 분포해 있는 미생물일지라도 자연의 선택을 받으려면 환경 속에서 존재할 수 있는 능력을 가져야 한다. 가만히 있다면 멸종하고 만다. 조금 어렵게 말하면 생태학적 위치niche를 차지하기 위해서는 나름대로 남과 다른 특별한 능력을 가지고 있어야 한다는 말이다.

3 땅은 네가 지난여름에 한 일을 알고 있다

서로 돕는 존재들

이제 정리해보자. 식물이 스트레스를 받아서 만든 페놀 물질들이 토양 속으로 흘러나오면 이를 극복할 수 있는 미생물들만 살아남고 식물과 계속해서 상호작용해왔을 것이다. 식물이 이들을 선택해서 자기 근처에 자라게 하는 이유는 식물 입장에서도 유리한 면이 있기 때문일 것이다. 상호작용은 한쪽만 이익을 보는 경우도 있지만 많은 경우 서로에게 이익을 준다. 그래서 공생이 두 생명체가 살아남는 데 큰 이득으로 작용할 수 있다.

식물의 도움을 받은 미생물이 이제 식물을 도와줄 차례이다. 가을이 되어 식물이 사라지거나 죽으면 토양 속 미생물은 자연적으로 감소할 것이다. 하지만 그 숫자가 엄청나게 많았던 종은 그다음 해 봄까지 몇 마리는 살아남을 수 있을 것이다. 다시 식물 뿌리가 만들어내는 음식을 제공받기까지 말이다. 흥미로운 사실은 식물 근처에 사는 미생물들은 식물의 호르몬을 만들어내는 능력이 있다는 점이다. 가령 살리실산을 분해할 수 있는 세균은 분명 살리실산을 만들어낼 수도 있다. 작년에 스트레스를 받았던 식물체가 뿌리 주위에 살리실산을 많이 분비하여 살리실산 분해 미생물이 많이 늘어났다면, 토양 속에 남아 있는 이 미생물들은 그다음 해 식물 뿌리가 주는 음식을 먹자마자 살리실산을 생산한다. 마치 "작년에 네 부모님이 겪은 사건을 기억해!"라고 말하는 미생물의 외침 같다.

여기서 알아본 토양 기억에 대한 현상은 잘 정리되고 알려져 있지만 어떻게 이런 일이 가능한지를 설명하려면 아직 많은 시간이 필요해 보인다. 하지만 토양 속 미생물에 의해서 식물이 기억의 편린을 유지하는 것은 다시 봐도 신기한 일이다. 마치 문자를 가지지 못한 식물이 자손들을 위해서 토양에 새겨놓아 역사를 기록한 오벨리스크를 보는 듯한 느낌이다. 우리가 땅 위를 걸을 때 수만 년 동안의 기억이 발아래 차곡차곡 저장되어 있다는 것을 생각해보면 땅에 닿는 느낌이 새로워지지 않을까?

4

모든 식물은
냄새를 풍긴다

세균들의 싱크로나이징

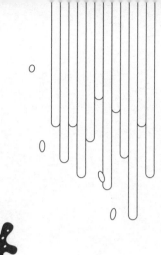

　코로나19는 우리가 앞으로 수십 년 동안 풀어야 할 많은 숙제를 주고 떠났다. 그중 하나는 '협력'이다. 아시아 대륙은 지금까지 팬데믹의 시작점이 된 적이 많았다. 코로나19가 아니더라도 사스, 홍콩독감, 신종플루 등이 좋은 예다. 온화한 날씨와 높은 인구밀도, 야생동물들과의 밀접한 접촉 때문에 원래라면 그저 자연에서 발생하고 소멸했을 병원균이 인간과의 접촉을 통하여 다른 사람으로 전달된다. 전 세계 항공망의 허브 공항이 포진한 동아시아(인천, 베이징, 도쿄) 공항을 통하여 삽시간에 전 세계로 퍼질 수 있다. 하지만 코로나19에서 보듯이 아시아 국가끼리의 감염병에 대한 협력은 잘 이루어지지 않았다. 그래서 한국이 주축이 되어 아시아-태평양 감염병 실드 shield를 조직하여 매년 포럼을 개최하고 있다. 2022년에 이어 두 번째 포럼이 서울에서 열렸다. 아시아 7개국에서 온 대표들과 아시아 개발은행, 라이트재단 등이 참여하여 다음에 감염병이 나타났을 때 협력하는 방법을 모색했다. 나는 이 행사를 주관했다. (식물을 전공한 내가 감염병 국제 협력사업에 참여한 이야기는 천천히 이야기하겠다.)

행사를 진행하는데 문득 머릿속에 질문이 떠올랐다. '이런 경우 식물은 어떻게 대응할까?' 이들은 서로 어떻게 협력하며 살고 있을까? 아시아 국가들의 저조한 협력과 반대로 식물은 자신의 생존을 위해서 다양한 방법으로 협력한다. 이 책에서 계속 다루겠지만 식물의 협력 모델은 생각보다 복잡하고 과학적이다. 이제 이야기할 미생물이 유도하는 식물의 냄새와, 이 냄새가 이웃 식물을 변화시키는 현상은 지금까지 우리가 알고 있는 식물에 대한 상식을 또 한 번 깨뜨리는 기회가 될 것이다.

근권 미생물들은 왜 멀리 있어도 비슷할까

이 이야기는 아주 더웠던 어느 여름 고추밭에서 시작한다. 고추는 원래 더운 날씨를 좋아한다. 이런 식물들을 우리나라 말로는 가짓과라고 부르지만 영어로는 솔라나세아이Solanaceae라는 그룹으로 묶어 부른다. 이들 가짓과 식물들을 다루는 국제 학술대회를 SOL이라고 한다. 예를 들어 2023년에 학회를 개최하면 SOL2023이라고 부른다. (제주도에서도 학회가 열린 적이 있다.) 예전에 '오 솔레미오'라는 가

곡이 꽤 유명해서 널리 불린 적이 있다. 여기 등장하는 '솔'이 바로 태양이다. 가짓과에 속하는 식물들은 우리에게 익숙한 고추, 가지, 담배 등이다. 모두 여름에 키워 먹는 식물이다. 우리나라 고추는 대표적인 가짓과 작물로 밭작물 중 최대 생산량을 자랑한다. 눈치챘겠지만 김치의 주재료이기 때문에 그렇다. 매년 실험실에서는 농민들의 고추밭을 빌려서 고추 실험을 하고 농사짓는 경험도 하면서 농민들의 고민과 생활을 접한다. 학생들로서는 사서 고생하는 일이지만 평생 잊기 힘든 경험일 수밖에 없다. 섭씨 35도 이상의 땡볕 아래서 쭈그리고 고추를 따다 보면 왜 시골 할머니들의 허리가 굽었는지 단박에 이해가 간다.

그해 우리는 고추밭에 다양한 처리를 하고 식물의 반응을 조사하는 실험을 하고 있었다. 실험 중 하나는 지상부인 잎에 여러 물질을 처리하고 뿌리에 있는 미생물의 종류들이 어떻게 바뀌는지 알아보는 것이었다. 지상부에서 지하부 뿌리로 신호가 전달되고, 이 신호 전달로 '뿌리 삼출액root exudate'이 나오면 이 액체를 먹고 사는 미생물의 종류가 바뀔 것이라는 가설을 세우고 실험을 했다.

과학은 너무나 당연한 것을 의심하면서부터 시작한다. 해는 왜 동쪽에서 뜰까? 너무나 당연하다. 하지만 이 당연함을 의심하면서 천문학과 지구과학이 시작될 수 있었다. 고추밭의 고추 뿌리에 있는 미생물을 조사하기 위해 전체 DNA를 분리하고 세균의 유전자 서열을 증폭하여 어떤 미생물들이 존재하는지 살펴본 결과, 아무것도 처리하지 않은 고추들마다 서로 비슷한 세균들이 존재하는 것이 아닌가? 당연한 것 같지만, 가만히 밭의 크기를 생각해보자. 500평쯤 되는 밭의 왼쪽 끝에 있는 고추와 오른쪽 끝에 있는 고추는 너무나 다른 환경에 처해 있다. 바람의 방향도 다를 것이고 물의 흐름도 다를 것이다. 특히 밭이 산 중간에 있어서 기울어졌다면 그 변화는 더 클 것이다. 위쪽에 있는 고추와 아래쪽에 있는 고추라면 차이가 클 것이다. 그런데 어떻게 미생물의 분포가 비슷할 수 있단 말인가?

그러면 이 현상을 어떻게 실험으로 증명할 수 있을까? 거리가 상당히 떨어져 있는 식물들 뿌리에 사는 미생물의 종류가 비슷해지는 현상을 실험적으로 증명하기 위해서는 아주 간단한 실험 조건이 필요하다. 고추를 심은 화분 두 개를 1미터 거리에 두고 서로 닿지 않게 준비하자. 그리고 한쪽 화분에 심은 고추 뿌리에 우리가 알고 있는 세균을 물에 풀어 부어보자. 그리고 1~2주 후에 옆에 있는 화분에 심은 고추를 뽑아서 뿌리에 어떤 세균들이 있는지 조사해보자. 만약 공간적으로 분리되어 있고 전혀 닿지 않았는데도 양쪽에 존재하는 미생물들이 비슷하다면 어떻게 설명할 것인가? 이것이 오늘 이야기할 이야기의 주제이다.

여기까지 생각이 미치자 우리 실험실에서는 미생물상이 항상 일정한 인공 상토를 사용하기로 했다. 두 그룹의 식물을 준비하여 이 상토에 심었다. (물론 인공 상토에도 많은 미생물이 존재한다.) 다양한 미생물의 혼합체를 부으면 과연 무엇이 최종 미생물상 변화에 영향을 주었는지 알 수 없다. 그래서 한 종의 세균을 대량 배양하여 상토에 심은 식물에 부어주기로 했다. 여기서 식물은 토마토를 사용했다. 고추와 같은 가짓과이면서 빨리 자라서 실험하기 쉽기 때문이다. 토마토에 부어준 세균은 최초의 미생물농약으로 등록된 고초균인 GB03이라는 균주이다. 미생물비료와 미생물농약을 연구한다면 대부분 알고 있는 슈퍼스타 세균이다. 여기서 또 한 가지 궁금한 것이 있었다. 미생물농약과 미생물비료로 사용되는 GB03을 식물에 부었을 때 기존의 근권 미생물에게 어떤 영향을 미치는지는 조사된 바가 없었다.

자연은 하나의 미생물이 우점하는 것을 좋아하지 않는다. 우리 몸에서 한 미생물이 우점하는 현상이 일어난다면 우리는 그 미생물 때문에 더 이상 살기 힘들 것이다. 대부분의 병원균들이 이런 길을 간다. 인간의 면역은 하나의 미생물이 급격히 증가하지 못하게 막는 경향이 강하다. 그래서 생명체는 다양성 속에서 적당한 밀도를 이루며 서로 협력하며 살고 있다. 지구 전체로 보면 유일한 예외가 인간이다. 해마다 그렇게 덥고 전 세계가 홍수와 산불로 고생하는 이유는 인간이라는 한 종이 너무 많은 공간을 차지하고 있기 때문이다. 지구가 아픈 것이다.

다시 GB03으로 돌아가자. 공간적으로 분리된 두 그룹의 토마토를 인공 상토에 심고 한쪽 뿌리에 고농도의 GB03을 부어준다. 그다음 이웃 토마토의 뿌리에 어떤 미생물이 있는지 확인만 하면 된다. 하지만 여기서 우리는 아주 중요한 하나를 놓치고 있다.

멀리 떨어진 친구에게 문자 보내기

'공간적으로 분리된 토마토 사이에 어떻게 신호가 전달될 수 있을까?'라는 질문을 빼먹은 것이다. 뿌리가 거기까지 자라서 신호를 보낼까? 동물처럼 소리를 내서 신호를 보낼까? 아니면 와이파이를 이용할까? 벌써 눈치챘겠지만 냄새다. 그러면 어떻게 이웃 식물이 냄새로 신호를 전달한다는 사실을 실험으로 증명할 수 있을까? 밭에다가 거리별로 식물들을 심어서 조사하면 되겠지만 너무 많은 노력과 시간이 들기 때문에 우리는 미니어처 온실을 제작하기로 했다.

먼저 크고 투명한 플라스틱 박스 중간에 공간을 만들어서 한쪽과 다른 쪽의 토마토가 닿지 않게 한다. 그리고 미리 준비한 GB03 1억 마리를 물에 풀어 한쪽 토마토에 부어준다. 이제부터가 중요하다. 이후 GB03을 부어준 토마토로부터 이웃 토마토로 냄새가 이동할 수 있게 선풍기를 틀어준다. 선풍기 바람이 너무 세면 잎에 있는 물방울들이나 그 속에 있는 물질들도 같이 날아가기 때문에 토마토잎이 흔들리지 않게 초저속으로 틀어줘야 한다.

대조군이 모든 것이다

실험하는 과학자들은 '대조군'이라고 부르는 처리구를 잘 모셔야 한다. 왜냐하면 대부분의 과학에서는 자신이 원하는 이야기를 하려면 그렇지 않은 것과 비교하여 자신의 주장을 증명해야 하기 때문이다. 그래서 적당한 대조군을 마련하지 않으면 실험 결과를 다른 이들에게 이해시킬 수 없다. 여기서 이 실험의 대조군을 생각해보자. 이웃 식물은 인공 상토에 심은 토마토들이다. 냄새를 만든다고 상상한 GB03을 부어준 토마토와 비교하기 위해서는 물을 부어주면 된다. 이것이 대조군이다. 그러면 어떤 변화가 관찰되었을 때 GB03이 그 원인이라고 할 수 있을 것이다.

하지만 여기에는 하나의 문제가 있다. 이전의 많은 실험에 따르면 GB03도 다양한 냄새를 풍긴다고 알려져 있다. 이 냄새 때문에 식물이 잘 자라고 병도 걸리지 않는다는 사실을 우리 실험실에서 발표한 다양한 논문에서 증명했다. 그렇다면 GB03이 식물에게 어떤 방식으로 영향을 주는지 어떻게 증명할 수 있을까? 토마토에 GB03을 부어주면 식물이 냄새를 만들어서 이웃 식물에 신호를 전달하는 걸까? 아니면 GB03에서 만든 냄새가 이웃 식물에 영향을 주는 걸까? 이 점은 구분할 수 없다. 어떻게 해결할 수 있을까? (내용이 더 복잡해지기 전에 답을 알려드린다. 토양 속에서 GB03이 내는 냄새는 생각보다 이웃 식물에게 큰 영향을 주지 못했다.)

해결 방법은 간단하다. 토마토 없이 상토만 든 화분을 준비하고 상토에 1억 마리의 GB03을 부어준 후 이웃 토마토의 변화를 관찰하면 된다. 만약 GB03이 만들어내는 냄새가 이웃 식물에게 영향을 주

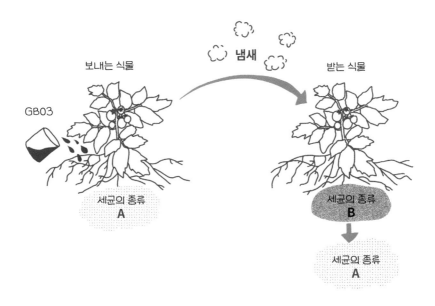

보내는 식물에 세균을 처리하면 냄새를 풍긴다. 시간이 지나면 받는 식물의 뿌리에 있는
세균의 종류가 보내는 식물의 뿌리에 있는 세균 종류와 비슷해진다.

었다면 미생물이 일으킨 변화라고 확인할 수 있을 것이다.

그럼 이제 완벽해진 것일까? 제일 중요한 대조군이 빠져 있다.
아무 처리도 하지 않은 상토에 물만 부어준 화분이 필요하다. 그리
고 또 하나 더, GB03을 붓지 않은 토마토만 있는 처리구도 필요하다.
드디어 이웃 토마토의 변화를 관찰할 수 있는 실험 세트가 완성되었
다. 이제 'GB03이 식물에 영향을 주어 냄새를 풍기고, 이 냄새를 맡
은 이웃 식물이 변화하여 뿌리 주위에 있는 미생물이 변화할 것이
다'라는 가설을 증명할 수 있는 실험을 할 수 있다. 다시 말해 넓은

고추밭에서 서로 멀리 떨어진 고추 뿌리들마다 무척 비슷한 미생물들이 존재하는 현상의 원인을 증명할 수 있다.

이론과 현실의 차이

세상을 살다보면 대부분 현실은 우리가 알고 있는 이론과 괴리가 있기 마련이다. 실험에서도 늘 이런 일이 벌어진다. 냄새가 새어나가지 않게 통로 모양의 플라스틱 박스를 제작하는 것부터 쉽지 않았다. 얇으면 쉽게 깨져버려 실험이 되지 않고, 너무 두꺼우면 운반하기 힘들고 가격이 비싼 단점이 있었다. 그 중간 어디쯤에 맞춰서 제작해야 한다. 선풍기는 어떤 선풍기를 사야 하나? 플라스틱 박스 내부 온도가 온실효과로 너무 올라가버리면 식물이 죽을 수 있는데 어떻게 해결해야 할까? GB03을 처리한 후 며칠 뒤에 토마토의 뿌리를 조사해야 할까? 모두 녹록지 않은 현실적인 문제였다.

대부분은 그나마 쉽게 해결할 수 있었지만 마지막 질문인 샘플링을 처리하는 일은 쉽지 않았다. 왜냐하면 GB03의 영향으로 토마토가 냄새를 만들어서 이웃 토마토에게 신호를 전하는 데 어느 정도의 시간이 필요한지를 실험한 예가 어떤 문헌에도 없었기 때문이다. 그렇다고 매일 샘플링을 해서 확인하면 비용이 너무 많이 들어간다. 가끔씩 과학자는 자신의 직관을 믿을 수밖에 없는 순간들에 맞닥뜨

4 모든 식물은 냄새를 풍긴다

린다. 이때는 과감하게 자신을 믿고 나아갈 수밖에 없다.

하지만 일단 위험성을 최소한으로 줄이기 위해 우리는 엄청나게 많은 논문을 읽고 또 읽었다. 결국 시간은 일주일로 정했다. GB03을 토마토에 부어주고, 일주일 후에 GB03을 부어준 토마토의 뿌리와 이웃 토마토의 뿌리를 채취하여 그 주위에 있는 세균들을 조사해보았다. 기억하시겠지만 우리에게는 네 가지의 서로 다른 처리구가 있다. ① GB03을 부어준 토마토, ② GB03을 부어주지 않은 토마토, ③ 토마토 없는 흙(상토)에 GB03을 부어준 것, ④ 흙만 있는 처리구. 네 개의 처리구에서 세균을 조사해야 한다. 그리고 이웃한 토마토 뿌리의 세균도 조사할 필요가 있다. 하지만 하나의 처리구에서 한 개의 토마토만 분석하지는 않는다. 통계를 위해서 적어도 세 개의 토마토를 동일한 조건에서 실험하여 분석한다. 이것을 생물학적 반복이라고 한다. 우리는 네 개 반복을 상용했다. 이러면 분석해야 하는 시료가 $4 \times 4 \times 4 = 64$개다. 이 작업을 시간별로, 여러 번 하기는 쉽지 않다.

다행히 실험은 성공적이었다. GB03을 ①번 토마토 뿌리에 부어준 지 일주일 후 ①번 토마토 뿌리의 미생물 종류와 가장 비슷한 종류의 미생물을 갖게 된 것은 바로 옆에 있는 ②번 토마토였다. GB03도 세균이기에 냄새를 만들 수 있다. 하지만 이들 세균이 내는 냄새 때문에 건너편 토마토 뿌리의 세균 종류가 바뀌지는 않았다. 예상했던 결과가 눈으로 보일 때의 극도의 전율과 행복감을, 과학을 하지 않는 사람은 느낄 수 없을 것이다. 과학을 놓지 못하고 마약과도 같이 끌리는 이유가 여기에 있다. 어떤 약물보다 중독성이 세기 때문에 한번 맛본 사람은 있어도 한 번만 맛본 사람은 없다는 말이 있다. 나는 고추밭에서 시작한 아이디어를 우리 손으로 증명하여 수치화한 것을 보면서 얼마나 기뻤는지 모른다.

실험적으로 증명하긴 했지만 완벽한 증명을 위해서는 두 가지 질문에 대한 답이 충족되어야 한다. 먼저 GB03을 부어주면 토마토에서 어떤 냄새가 날아갈까? 두 번째는 이웃한 토마토에서는 어떤 물질이 나오길래 GB03을 부어준 토마토와 세균 종류가 비슷해질까?

식물들의 냄새

식물은 늘 냄새를 풍긴다. 우리가 조금만 민감하게 식물에 다가가 코를 가까이 한다면 식물 고유의 냄새를 맡을 수 있다. 다양한 냄새를 풍기는 토마토는 그중 대표 선수다. 냄새가 너무 많아서 뭐가 진짜인지 찾기 힘들 수 있다. 하지만 우리에게는 대조구들이 있다. 간단하게 GB03을 부어준 토마토와 부어주지 않은 토마토잎의 냄새를 분석하여, 부어준 토마토에서만 나오는 냄새를 찾기만 하면 된다. 말이 쉽지 여기서도 현실적 어려움이 존재한다. 냄새를 어떻게 포집할까? 농축 없이 분석할 수 있을까? 그러면 어떻게 포집할까? 이 모

4 모든 식물은 냄새를 풍긴다

든 것의 해결책은 가스 크로마토그래피와 질량분석기GC-MS이다. 냄새 물질이 잘 붙는 특정 섬유를 원하는 토마토잎에 노출시켜 물질들을 수집한 다음 기기에 넣고 섬유에 붙어 있는 냄새 분자를 하나씩 떼어내어 분석하면 어떤 냄새 분자인지 알 수 있다.

긴 이야기를 짧게 하면 우리가 찾은 물질은 베타-카리오필렌β-caryophyllene이다. 무척 널리 알려져 있어 약간 실망했지만 이것이 GB03을 부어주었을 때에만 나오는 물질이라 확신할 수 있었다. 그다음 남은 단계는 이 베타-카리오필렌만으로도 이웃 토마토의 뿌리에서 반응이 나타나는지를 확인하는 것이었다. 사실 흙에 심은 이웃 토마토 뿌리에서 나오는 물질을 분리하여 어떤 물질이 나오는지 확인하는 것이 정석이지만, 토양에서 물질을 분리해내는 것은 그렇게 만만한 작업이 아니다. 미생물을 완벽하게 살균하기 쉽지 않고 흙의 분자에 다른 많은 물질이 붙어 있기 때문에 이것이 뿌리에서 유래했는지, 원래 흙 분자에 붙어 있었는지 판단하기 쉽지 않다.

우리는 GB03을 부어준 토마토의 잎에서 베타-카리오필렌 냄새가 나서 이웃 토마토에 영향을 주는 거라면, 수경재배로 키운 토마토에 베타-카리오필렌 냄새를 공기 중에 풍겨주고 일주일 후 수경에 사용한 물을 분석하여 그 안에 무엇이 있는지 확인하면 될 것이라 생각했다. 베타-카리오필렌을 처리한 토마토와 그렇지 않은 토마토를 비교하여 처리한 토마토에서만 만들어지는 물질을 찾아내면 된다.

토마토 뿌리가 있었던 물속에서 우리는 뭘 발견했을까? 살리실산이었다. 우리가 흔히 아는 아스피린의 주성분이다. 바이엘이 만든 해열제로 잘 알려진 살리실산은 대부분의 식물이 스트레스 조건에서 많이 만든다. 식물학자와 식물병리학자들은 오랫동안 이 물질에 관심을 가져왔다. 식물이 병에 걸렸을 때 많이 만드는 살리실산은 병에 걸린 부분에서 급격하게 그 양이 증가한다. 이상한 점은 병에 걸리지 않은 부분에서도 그 양이 증가하는 것이다.

이제 모든 퍼즐이 맞추어졌다고 생각했지만 마지막 남은 퍼즐 조각이 있다. 과연 살리실산이 미생물에 어떤 영향을 끼치길래 서로 떨어져 있는 뿌리 근처의 미생물들이 비슷해지는 것일까? 결론은 이렇다. GB03을 부어주면 토마토가 뿌리를 통해 살리실산을 분비한다. 동시에 베타-카리오필렌을 공기 중으로 날려 이웃 토마토에 신호를 주고, 이 신호를 받은 토마토는 뿌리에서 살리실산을 분비한다. 결론적으로 살리실산을 좋아하는 미생물들이 몰리기 때문에 공간적으로 분리되었어도 토마토들 뿌리에 비슷한 세균이 분포하게 된다.

원래 살리실산은 세균을 죽일 수 있는 물질로 알려져 있다. 그래서 뿌리에서 나오는 살리실산의 농도를 측정해보니 10~50ng/ml 정도였다. 이 양은 세균을 죽이는 양의 1,000분의 1 정도다. 따라서 세균에게는 큰 영향을 미치지 않는다. 인간에게 유익한 대부분의 약도 고농도로 사용하면 독이 되는 것과 비슷한 이치다. 이 정도의 농도

4 모든 식물은 냄새를 풍긴다

에서 살리실산은 미생물에게 분해되어 영양분으로 작용할 수 있을 것이다. 미생물에게는 살리실산을 분해할 수 있는 효소가 있고, 토양 속의 많은 세균은 관련 유전자를 가지고 있다.

이런 현상들이 처음 발견된 것일까? 그렇지는 않다. 곤충과 식물의 상호작용에서는 비슷한 현상들이 나타난다. 과학에서 밝힌 내용을 대중에게 알릴 때는 쉽게 설명하기 위하여 간단한 단어를 만든다. 식물이 곤충의 공격을 받으면 냄새를 풍겨 이웃 식물에게 경고하고 미리 대비하게 하는 것은 널리 알려진 사실이다. 이때 만들어진 냄새를 '곤충에 의해 유도된 식물 냄새herbivore-induced plant volatile, HIPV'라고 한다. 우리 연구의 의의는 미생물에 의해서도 이와 비슷한 일이 일어나는 사례를 보여준 것이다. 그래서 '미생물에 의해 유도된 식물 냄새Micorbe-induced plant volatile, MIPV'라는 말을 만들어 우리 실험실에서 최초로 사용하였다. 이제 비슷한 연구를 하는 과학자들은 이 단어를 사용할 것이다.

논문이 중요한 이유는, 문서화하여 발표한 논문은 내가 죽더라도 오랫동안 남아 인용되고 그다음 단계의 과학 발전에 이용되기 때문이다. 내용이 복잡한 과학을 단순하게 정리하여 보여주는 것은 다음 세대의 과학자들에게뿐만 아니라 대중에게도 의미 있는 작업이다. 옆 친구의 영향으로 뿌리에 비슷한 미생물을 가지게 된 토마토처럼 인간들도 옆에서 친구가 보내는 신호에 민감하게 반응해서 비슷해지려고 노력한다면 세상은 좀 더 밝아지지 않을까?

5

소리로
식물병 막기

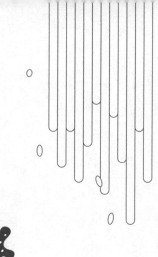

세상은 소리로 가득 차 있다!

영화 〈그래비티〉에는 갑자기 우주에서 아무런 소리가 나지 않는 '극한의 무음'이 몇 초간 지속되는 장면이 등장한다. 그 장면에서 나는 '아! 그렇지! 우리는 평소에 느끼지 못하지만 공기가 있는 지구는 소리로 가득 차 있지' 하며, 공기의 고마움을 갑자기 깨닫듯 니르바나의 순간을 경험했다. 이번 장에서는 '소리와 무관할 듯한 식물도 소리를 들을 수 있을까?'라는 단순한 질문에서 시작해서 과학자들이 어떻게 소리라는 주제를 식물의 일생에 적용하는지 살펴보자.

이제 냄새에서 소리로 넘어가 보자.

~~~~~~~~~

만남

　모든 일은 만남에서 시작된다. 내가 식물과 소리의 관계에 관심을 가지게 된 것은 농촌진흥청의 정미정 박사님을 만나면서부터였다. 정미정 박사님은 '소리를 어떻게 식물에 적용해서 농민들에게 도움을 줄 수 있을까?'를 오랫동안 고민해오신 분이다. 이전부터 알고 지낸 사이였지만 구체적으로 연구하시는 내용은 몰랐다. 어느 날 우연히 만나 이야기를 나누었는데, 정미정 박사님은 실험실에 오셔서 자신이 하고 있는 연구를 소개해주셨다.

　내가 소리에 관한 연구를 한 후 세미나에 초청받아서 식물과 소리와 관련하여 이야기하고 나면 늘 듣는 질문이 '그린뮤직'에 대한 내용들이다. 한때 유명세를 누렸던 '식물의 정신세계'와 밀접한 질문들이다. "식물에게 욕을 하면 잘 자라지 못하고, 좋은 말을 많이 하면 잘 자란다고 하는데 과학적으로 맞는 말인가요?" 우문현답이 필요할 때면 조금 피해 가는 것이 상책이다. 나는 "제 생각에는 대부분의 욕은 파열음이 많기 때문에 입에서 침이 튀기 쉽습니다. 그래서 침이 많이 묻은 식물이 잘 못 자라지 않을까요? 대신 좋은 말은 침이 잘 튀지 않아서 침 속에 있는 나쁜 미생물이나 물질이 닿지 않으니 식물이 비교적 잘 자라지 않을까요?"라고 둘러댄다. 대부분은 수긍하신다. 조금 더 궁금해하는 분들은 '교향곡을 들으면서 자란 식물과 하드록을 들은 식물의 성장이 다르다고 하는데 과학적으로 맞나요?'라고 물어보는데, 이런 질문을 받으면 정말 대략 난감이다.

식물도 소리를 들을 수 있을까

좀 더 깊이 들어가기 전에 먼저 소리라는 것이 무엇인지 이해할 필요가 있다. 소리는 빛과 비슷하다(아마 물리학자들은 말도 되지 않는다고 할 것이다). 여기서 중요한 점은 빛이 파동이나 입자로 구성된다고 한다면, 소리는 파동을 의미하는 헤르츠Hertz, Hz와 세기를 의미하는 데시벨decibel, dB로 구성된다는 것이다. 사람은 귓속 고막의 떨림이 뇌로 전달되어 소리를 구별한다. 우리가 잘 알듯이 초파리와 같은 곤충, 뱀, 개구리와 같은 양서류도 소리를 인지한다. 하지만 이들은 포유류에서 흔히 발견되는 고막이 없다. 그럼 어떻게 소리를 인지할까? 많이 연구되어 있지는 않지만, 곤충은 머리 위에 있는 더듬이로 소리를 인지한다는 결과가 보고되어 있다. 시골에 가면 개구리가 정말 시끄럽게 우는 소리를 들을 수 있다. 물론 그렇게 시끄러운 소리를 서로 알아차리고 짝짓기를 하니 소리를 인지하는 기관이 있을 것이라 여겨지지만 구체적인 기관에 대한 증거는 아직 찾지 못한 것 같다. 동물이 아닌 식물은 소리를 어떻게 인지할까? 식물은 고막 비슷한 기관이나 더듬이 비슷한 구조도 없는데 말이다. 그리고 식물이 소리를 들을 수 있는지 인간이 어떻게 알 수 있을까? 움직이는 동물들이야 소리에 반응하는 것을 움직임으로 알 수 있지만, 움직이지 못하는 식물이 소리를 인식하는지를 어떻게 알 수 있다는 말인가?

20세기 말 한국과 중국의 일부 과학자들은 그린뮤직Green music 이라는 개념을 고안해냈다. 앞서 소개했던, 사람들이 많이 인식하는 소리와 식물의 관계에 대한 이야기다. 일부 연구자들이 온실 같은 밀폐된 공간에 교향곡, 록 음악 등 다양한 음악을 틀어주고 식물이 꽃 피는 시기와 생산량을 조사했다. 이들은 연구 결과를 좋은 논문에 발표할 수는 없었지만, 토마토, 밀, 오이, 고구마, 상추, 시금치, 목화 등 다양한 식물이 잘 자라는 것을 관찰했다.

하지만 여기서부터 문제가 조금씩 보이기 시작한다. 먼저 과학에서는 정확한 실험 방법을 기술해야 하고, 누가 그 방법대로 실험하든 비슷한 결과가 나와야 한다. 이를 '재현성'이라고 한다. 이후 많은 과학자가 진행한 실험에서 이 결과들은 재현되지 못했다. 왜 재현이 힘들까? 쉽게 설명하면 실험 방법을 자세히 기술하기 힘들기 때문이다. 소리를 구성하는 헤르츠와 데시벨을 정확하게 기술하기에는 음악이라는 것이 너무 복잡하고 길다. 악기의 경우 하나의 악기에서 내는 음이 무척 다양한데 헤르츠와 데시벨을 어떻게 정확하게 묘사할 수 있을까? 볼륨은 어떻게 표시하며, 식물에 정확하게 도착하는 소리의 파동과 세기는 어떻게 측정할까?

또 재현성에 큰 영향을 미치는 또 다른 중요한 인자는 '소음'이다. 지금 여러분이 있는 장소에서는 어떤 소음이 들리는가? 소음은 실험에서는 잡음이다. 연구자가 들려주는 음악에만 식물이 반응했는지가 확실하지 않다. 온실 옆을 지나는 경운기나 차에서 나오는 소리, 공중을 날아가는 비행기 소리, 또는 온실 속에서 계속 돌고 있는 팬 소리가 식물의 생장에 영향을 미칠 확률도 다분하기 때문이다. 한 가지 더. 실험에서 제일 중요한 것은 대조군이다. 우리가 처리하는 처리구와 달리 아무 처리도 하지 않고 대조할 수 있는 처리구가 필요하다. 소리 실험에서는 우리가 처리하는 소리에 대비해서 아무 소리도 처리하지 않은 처리구가 있어야 한다. 그러므로 완벽하게 방음이 되는 방이 필요하다. 이곳에서 식물을 키워야 대조군으로서 의미가 있기 때문이다. 하지만 완벽한 방음방은 설치하는 데 비용이 많이 든다. 우리가 전혀 듣지 못하는 잡음도 차단해야 하기 때문이다. 이 정도 되면 지도교수로부터 소리 실험을 제안받은 학생은 소리를 식물에 처리하는 실험을 주저할 수밖에 없다.

소리 실험 이전에 필요한 것들

정미정 박사님은 농촌진흥청에서 식물에 소리를 처리하여 농작물의 생산성과 품질을 높이는 일을 오랫동안 계속해오고 계셨다. 내가 가장 궁금한 점은 어떻게 소리가 없는 식물 생장상(식물 체임버)을 만들 수 있느냐는 것이었다. 정미정 박사님은 과연 이 문제를 어떻게 해결했을까?

　식물을 실내에서 키우기 위해서는 빛을 일정 시간 동안 비추어야 한다. 그렇게 하다 보면 당연히 열이 발생한다. 그러면 에어컨을 달아 온도를 계속 일정하게 유지시켜줘야 한다. 그렇지 못하면 식물은 자라기 전에 익어버릴 것이다. 여름에 거리를 다닐 때 에어컨 소리 때문에 귀가 힘들었던 경험은 누구나 있다. 식물 생장상에서 이런 잡음이 계속 난다면 소리 실험을 할 수 없다. 정미정 박사님은 특수 제작한 식물 생장상으로 이 문제를 해결했다. 에어컨 소리를 최소화하여 아주 조용한 식물 생장상을 만들어 실험하고 계셨다. 가격이 한 대에 무려 3,000만 원이 넘는다고 했다. 꽤 오래전 일이니 지금은 값이 더 올랐을 것이다. 우리 실험실에서 소리 실험을 시작하려니 이런 식물 생장상을 여러 개 제작하는 데 막대한 연구비가 필요했다. 이처럼 새로운 실험을 하는 과학은 엔트로피의 법칙처럼 무질서도가 계속해서 증가하게 된다. 하지만 뜻이 있는 곳에 길이 있듯이 정미정 박사님과 공동 연구를 할 기회를 얻어 소리 실험을 진행할 수 있었다. 당시 실험실의 박사과정 학생이었고 지금은 농촌진흥청에 자리 잡은 정지혜 박사가 이 과제를 책임지고 진행했다.

토마토야, 제발 천천히 익어!

우리가 처음으로 맡은 과제는 토마토의 후숙(익어서 빨갛게 되는 현상)이다. 보통 토마토 농가에서는 시장에서 우리가 사는 토마토가 수송 기간 동안 익는 것을 감안하여 완전히 익지 않은 상태에서 수확한다. 하지만 수송 기간이나 저장 기간이 길어지면 토마토가 갑자기 익고 상해버리는 경우가 많다. 빨리 익게 만드는 것도 중요하지만, 천천히 익게 하는 것도 중요하다. 귤의 경우 파란 귤을 따서 약품 처리를 하면 빨리 익으므로 우리가 구입하는 시기에는 오렌지색 귤이 되어 있다. 가끔씩 너무 많이 익어 푸른 곰팡이가 자란 귤을 골라내야 하는 번거로움도 발생한다. 여기서 말한 약품 처리는 에틸렌이라는 가스를 주입하는 것이다. 식물 호르몬인 에틸렌은 식물이 노화하면서 많이 발생하는 가스다. 이 가스는 주위의 익지 않은 과일과 식물들도 비슷하게 늙게 만드는 작용을 한다. 물론 토마토도 익으면서 다량의 에틸렌을 만들어낸다(계속 상승작용을 한다). 에틸렌이 문제라면 에틸렌이 만들어지지 않게 약품을 처리하면 간단하게 해결할 수 있겠다고 생각하기 쉽다. 하지만 여기서 또 문제가 발생한다. 소비자들은 자기가 먹는 과일에 약품 처리가 되었다고 하면 불안해한다. 혹시 모를 부작용을 걱정하기 때문이다.

그런데 토마토가 익는 속도를 소리로 늦출 수 있다면 소비자들은 환경친화적인 방법으로 인식할 수도 있을 것이다. 장점은 또 있는

5 소리로 식물병 막기

데, 추가 비용이 들지 않는다. 그저 헤르츠가 일정한 '찡~' 하는 기계음을 들려주기만 하면 되기 때문이다. 스피커만 있으면 끝이다. 이 점이 정미정 박사님이 실험을 시작한 이유였다. 우리 실험실에서 이 야기를 나눠보니 토마토 익는 속도를 늦추는 조건을 벌써 모두 정하신 상태였다. 만약 이 일을 실현할 수 있다면 토마토 운송하는 트럭에 스피커만 있으면 우리가 원하는 시기에 토마토를 익게 할 수 있다.

우리는 먼저 음향학을 전공한 전문가에게 자문받아 소리를 막아주는 '고요한 상자silence box'를 제작하고 그 속에서 헤르츠와 데시벨이 다양한 소리를 토마토에 들려주며 실험을 했다. 고요한 상자는 식물 생장상에 비해 가격이 저렴했고 공간을 적게 차지했다. (제작자에 따르면 원래 고요한 상자의 용도는 아파트에서 반려동물의 소리가 심할 때 넣어두는 것이라고 했다.) 소리를 들려주는 시간도 다양하게 정해서 실험했다. 특허가 걸려 있기 때문에 자세한 조건을 말하지는 못하지만, 일정한 조건에서 반복적으로 실험을 재현하여 논문을 발표했다. 하지만 과학에서는 제일 중요한 '왜 그럴까?'라는 기전 연구가 없으면 더 깊은 연구로 들어갈 수 없다. 왜 토마토에 소리를 들려주면 천천히 익는지를 최신 기술을 이용하여 밝혀내는 것이 박사과정을 막 시작한 당시 정지혜 학생의 첫 번째 과제였다.

식물이 소리를 듣는다는 것을 어떻게 알까

앞서 이야기했지만 토마토는 움직이지 않기 때문에 소리에 대한 반응을 바로 알기가 쉽지 않다. 우리가 '과일이 익는다'라고 부르는 현상은 아주 다양한 과정에 의해서 일어나는데, 그 과정은 생명체의 세포 하나에서 일어나는 작은 변화의 조합을 가리킨다. 이런 변화는 대부분 생명체에서 만들어진 단백질의 반응에 의해 일어난다. 단백질은 생명체가 DNA에서 RNA를 만들고 이것을 바탕으로 만든 산물로, 생명현상을 유지하게 하는 아주 중요한 물질이다. 소리가 토마토의 단백질 전체를 변화시켰는지, 어떻게 변화시켰는지를 조사하면 된다는 게 우리의 생각이었다. 하지만 그리 간단한 일이 아니다. 단백질은 종류가 너무 많고, 하나하나 골라내서 특징을 밝히는 작업이 기술적으로 불가능하지는 않지만 시간과 돈이 너무 많이 들어서 효용성 면에서 좋지 않다. 그래서 단백질 대신 바로 앞 단계인 RNA를 분석하는 방법을 택한다. 단백질은 20개의 아미노산으로 구성되므로 20개가 어떻게 조합되어 있는지를 조사해야 하지만, RNA는 네 개의 구성 요소로 되어 있어 분석하기가 훨씬 편하기 때문이다. 실험하기로 한 소리를 고요한 상자 속에 있는 토마토에 들려주고 시간별로 꺼내서 RNA를 모두 추출하여 어떤 RNA가 시간별로 발현되는지를 분석하면 된다.

이 방법은 비교적 간단하게 시작할 수 있었다. 이미 정미정 박사

5 소리로 식물병 막기

님이 RNA를 추출하고 서로 다른 유전자의 분석까지 마친 상태였다. 하지만 문제는 지금부터였다. 생각보다 유전자가 너무 많았다. 우리가 알고 있는 유전자나 단백질의 개수는 몇 개나 될까? 전문가라고 하더라도 100개에서 몇백 개 수준일 것이다. 하지만 이런 분석에서 나오는 유전자의 숫자는 몇천 개에서 몇만 개가 넘는다. 우리가 이렇게 많은 유전자의 이름과 기능을 모두 알 수 있을까?

그래서 컴퓨터를 이용하여 서로 다른 유전자들의 전체 그림을

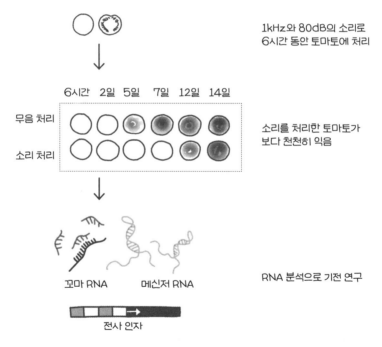

토마토에 소리를 들려주어 천천히 익게 하고, 그 이유를 연구한 실험

이해하고 하나씩 확인하는 작업을 한다. 여기서 컴퓨터를 이용하여 분석하는 분야를 생물정보학bioinformatics이라고 한다. 이전 생물학은 실내 실험실이나 야외에서 실험한 결과만으로도 논문이나 특허로 내는 데 충분했지만, 이제는 생물정보학이 없으면 생물의 비밀을 찾는 것이 점점 더 힘들어지고 있다. 지금 생물학에 관심이 있다면 생물정보학을 기본으로 알아야 한다. 왜냐하면 실험으로 알 수 있는 정보들은 대부분 발견되었기 때문이다. 생물정보학은 인공지능처럼 기계학습을 통하여, 우리가 눈으로 하나하나 보는 것과는 비교할 수 없을 정도로 빠른 속도와 정확도로 결과를 분석할 수 있다.

생물정보학을 이용하여 유전자를 분석한 결과 기대했던 대로 소리에 의해 에틸렌 생산 유전자가 급격히 감소했다. 식물세포 분화(하나가 두 개가 되고 두 개가 네 개가 되는)와 관련된 시토키닌과 옥신(세포를 크게 만드는 식물 호르몬)도 줄었다. 대신 살리실산의 지배를 받는 페닐프로파노이드나 플라보노이드flavonoid 관련 유전자의 발현은 급격하게 증가했다. 살리실산은 에틸렌 합성을 억제한다고 알려져 있다. 토마토는 살리실산을 많이 만들어 에틸렌을 줄이는 방향으로 열매가 익는 것을 억제하고 있었다. 또 한 가지 흥미로운 발견은 글루칸 유전자의 발현이 증가한 것이다. 글루칸은 토마토의 외피를 만드는 재료다. 토마토가 익으면 외피가 부드러워져서 쉽게 상하는데, 글루칸이 많아지면 과육을 더 단단하게 보호하게 된다.

소리로 식물의 병을 예방할 수 있을까

토마토 관련 실험을 마치고 좀 더 재미있는 과제를 찾던 정지혜 박사는 소리로 식물병을 막을 수 있는 방법을 고민하기 시작했다. 다양한 예비 실험을 거쳐 뿌리로 전염되는 토양병인 풋마름병(청고병)을 선택했다. 병원균을 토양병으로 정한 이유는 가급적 소리가 직접적으로 세균에 미치는 효과를 줄이기 위해서였다. 잎에 병이 나는 병원균을 사용하면 소리가 직접적으로 병원균을 억제하는지를 다시 증명해야 하기 때문에 우리는 소리 전달이 많이 상쇄될 것으로 예상되는 땅속, 뿌리에 감염하는 세균을 선택했다. 정지혜 박사는 이 병의 원인 세균인 랄스토니아를 애기장대에 접종한 다음 소리와 관련된 효과를 관찰했다.

이 실험에서 또 한 가지 새로운 접근은 토마토에서 사용한 RNA 분석 방법에 후성유전체 분석을 추가한 점이다. 후성유전 개념을 간단하게 설명하면, RNA가 단백질을 만들 때 만들기로 정해진 단백질이 만들어지지 않고 어떤 이유에선가 다른 단백질이 만들어진다. 그런데 여기서 중요한 것은 DNA는 바뀌지 않은 채 단백질이 바뀌고, 더욱이 이것이 다음 세대로 전달된다는 점이다. DNA부터 바뀌는 '진화'와는 구분되는 방식이다.

우리는 고요한 상자 안 애기장대에게 하루에 세 시간씩 10일 동안 10킬로헤르츠와 90데시벨의 소리를 계속 틀어준 후 풋마름병원

세균을 뿌리에 물 주듯이 부어주었다. 보통 10일이 지나면 식물이 시드는 증상이 나타나고, 20일이 지나면 모두 말라 죽는다. 그런데 소리를 들려준 애기장대는 병이 들었어도 증상이 확실히 적었고 병징이 거의 없는 건강한 애기장대도 있었다. 후성유전체 변화를 알아보기 위해 RNA 분석과 더불어 히스톤 분석histone modification analysis과 꼬마 RNAmicroRNA● 분석 실험을 해보니 앞서 토마토 실험에서처럼 시토키닌 호르몬이 줄어들고 살리실산의 신호 전달 체계의 지배를 받는 글루코시놀glucosinolate의 생산이 늘었다. 실험 결과를 보니 소리가 식물의 병을 막는 작용이 너무 신기했다. 알맞은 헤르츠와 데시벨만 찾는다면 식물의 노화와 병을 막을 수 있다니….

●우리가 알고 있는 핵 속 DNA는 그냥 줄처럼 길게 엉켜 있는 것이 아니라 실패 역할을 하는 단백질에 잘 정돈된 상태로 감겨 있다. 이 실패에 해당하는 단백질인 히스톤이 DNA 발현을 조절한다. 히스톤 분석이란 이것을 관찰하는 것이다. 꼬마 RNA는 2024년 노벨생리학·의학상의 주인공이다. 생명체에는 DNA의 지시에 따라 단백질을 생산하는 길다란 메신저 RNAmRNA가 있다. 꼬마 RNA는 메신저 RNA보다 짧은 21개로 구성된 RNA다. 작지만 다양한 생명현상을 조절하기 때문에 이것을 연구하면 어떤 기작으로 생명현상이 일어나는지 알 수 있다.

지금까지 식물이 소리를 듣고 반응하는 현상에 대해서 이야기했다. 그러면 왜 식물은 소리를 듣게 되었을까? 자연계에서는 완두콩 뿌리가 지하수 흐르는 소리를 인식해서 뿌리가 그쪽으로 자라는 것을 관찰할 수 있다. 옥수수 뿌리도 100~300헤르츠에 반응하여 그쪽으로 움직이며 자라는 것이 관찰되었다. 이어진 실험에서 연구자들이 세기가 다른 0.8~1.5킬로헤르츠 소리를 한 시간 동안 들려주니

물을 주지 않을 때 발생하는 건조에 대한 내성이 증가했다. 벌의 날갯짓은 특별한 헤르츠와 데시벨을 가지고 있는데 이 소리를 꽃에 들려주면 꽃가루가 쉽게 떨어진다고 한다. 벌이 닿기도 전에 꽃가루를 떨어뜨리려고 준비를 하는 것이다.

여기까지 오니 '식물이 소리도 낼까?' 하는 궁금증이 생긴다. 더 나아가 '소리로 서로 대화를 할까?' 식물이 소리를 낸다면 어떤 세기와 강도의 소리를 만들어낼까? 동물의 소리를 연구하는 분들은 의심 어린 눈초리로 앞서 언급한 결과들을 보고 있었다.

식물이 말을 한다고?

하지만 2023년 3월 이스라엘 텔아비브대학교 리라쉬 하다니 Lilach Hadany 교수가 우리의 시각을 바꾸는 연구 결과를 학술지 《셀 Cell》에 발표했다. 그의 연구팀은 이전에도 벌의 날갯짓에 의해 꽃가루가 떨어지는 현상에 대한 논문을 발표했다.• 이들은 잡음을 최대한 제거하고 식물이 직접 내는 소리••를 듣기 위해 인간의 가청 주파수인 20~2,000헤르츠 이외의 소리도 들을 수 있는 고성능 마이크를 사용했다.••• 지금까지 우리가 식물의 소리를 듣지 못했던 건 이러한 고성능 마이크가 없었고 가청주파수에만 집중했기 때문이다.

실험 결과 식물은 20~2,000킬로헤르츠kHz의 소리를 냈다. 식물이 자라는 데는 물이 중요한데, 물이 없을 때 특별한 소리를 냈다. 물을 주지 않은 날이 길어질수록 소리가 더 크고 강해졌다. 가뭄 외에 가위로 잎을 자르거나 바이러스에 감염되도록 했을 때도 특별한 소리를 냈다. 연구팀은 주로 담배와 토마토로 실험을 했는데 식물마다 소리는 조금씩 달랐다. 어디에서 이 소리가 만들어지는지 조사한 이들은 물이 움직이는 줄기 부분에서 소리가 난다는 것을 알아냈다. 그런데 이 소리가 의도적으로 만들어낸 소리가 아니라 의미 없는 잡음일 수도 있지 않을까? 식물이 만들어낸 소리인지를 연구팀이 어떻게 증명했을까? 인공지능을 동원해 같은 조건에서 정확하게 같은 소리를 내는지 관찰해보니 일치도가 70퍼센트로 나타났다. 생각보다 높은 수치였다. 하지만 식물이 소리를 내는 이유는 아직 잘 모른다. 주위에 있는 다른 식물에게 직접 경고하기 위해서인지, 아니면 다른 의도와 목적이 있는지 알려면 연구가 더 진행되어야 한다.

베르나르 베르베르의 소설 《개미》에서는 인간이 개미와 화학물

 • https://onlinelibrary.wiley.com/doi/full/10.1111/ele.13331

 •• https://media.nature.com/original/magazine-assets/d41586 -023-00890-9/d41586-023-00890-9_24678982.mpga

 ••• https://youtu.be/hOWaXi0I2YE

이스라엘 연구팀이 고성능 마이크를 이용하여 식물이 내는 소리를 듣고 있다.

질을 이용하여 대화한다. 상당히 고차원적인 대화가 진행되는 것을 보면서 당시 대학생이었던 나는 이것이 얼마나 가능할지 기대를 품었다. 상상만 하던 일이 이루어지는 것을 미래에는 좀 더 자주 보게 될 것이다. 가까운 미래에는 식물의 의사 표현을 정확하게 이해하고 이에 맞추어 식물을 관리할 수 있을지도 모른다. 그러기 위해서는 유사과학fringe science이 아닌 합리적인 방법으로 진행하는 실험과 기막힌 아이디어가 중요하다. 물론 최신 기술을 접목하여 이전에 몰랐던 사실을 이해하는 것과 더불어서…. 영화 〈컨택트〉는 외계인과의 대화에 초점을 맞추었다. 소리를 통해 외계인과 대화하는 것과 더불어 소리를 통해 식물과 대화할 수도 있기를 기대해본다. 가끔씩은 키우는 식물에 귀를 가까이 가져가 소리를 들어보길 바란다.

6

잘못 먹어서
좀비가 됐어!

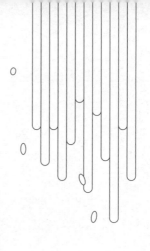

다소 황당한 질문으로 새로운 이야기를 시작하고자 한다.

진실 또는 거짓? '미국 질병관리통제센터Center for Disease Control and Prevention는 좀비들이 일으킬 수 있는 재앙에도 준비되어 있다?'

답은 '그렇다'이다. 2011년 질병관리통제센터는 공공보건 블로그 public health metters blog에서 '좀비 재앙 대비 101'이라는 페이지를 운영 하여 많은 사람의 관심을 끌었다. 당시 미국에서 인기 있었던 비디오 게임 〈레지던트 이블〉의 영향도 있었던 것 같다. 좀비와 더불어 허리 케인 같은 자연재해에 대한 일반인들의 경각심을 일깨우려는 의도 로 페이지를 운영했던 것 같다. 현재 페이지는 폐쇄되어 구체적인 내 용은 알 수 없지만, 코로나19를 겪은 나로서는 가능성이 희박하더라 도 일어날지 모르는 재앙을 예상하고 그 대비책을 고민해보는 CDC 에 찬사를 보낸다. 왜 갑자기 좀비 이야기를 하냐고? 이 장의 주제이기 때문이다. 그렇다고 너무 허황된 이야기는 아니고, 어디까지나 과학적 관점에서 이야기할 테니 너무 걱정하지 마시길.

이제 식물의 오감에서 곤충 이야기로 넘어가 보자.

좀비 초파리-
'장은 내가 먹고 싶은 것을 먼저 안다'

서울대학교 이원재 교수님을 개인적으로 안 지는 15년이 넘었다. 지금 '마이크로바이옴'이라는 용어는 생물학에 관심 있는 사람이라면 대부분 알고 있는 단어다. 하지만 2000년대 초반에는 이야기가 달랐다. 아직 장내 미생물의 역할에 대한 이해가 없었고, 그렇게 다양한 미생물이 장에 있는 이유는 단순히 영양분을 분해하여 흡수하기 위해서라고 대부분이 생각했다. 소장에 관해서는 이 생각이 말이 되었지만, 대장은 원래 영양분 분해와 흡수가 아니라 단순히 수분을 밖으로 배출해내는 기능을 하는 기관이라서 그렇게 많은 종류의 미생물이 왜 존재하는지는 미지수였다.

지금도 그렇지만 당시 이원재 교수님은 초파리를 이용하여 연구하셨다. 초파리는 유전학에서 아주 중요한 모델 동물이다. 많은 사람이 대장균이 유전학의 재료로 처음 사용되었다고 생각하지만, 왓슨과 크릭이 DNA 나선 구조를 밝히기 이전부터 초파리 돌연변이 실험을 통해 유전형질을 만드는 인자가 핵 속에 있고 이것이 다음 세대로 전달된다는 사실이 알려져 있었다. 사석에서 만난 이원재 교수님은 초파리 연구에서 힘든 부분을 이야기해주셨다. 가장 오래된 모델이어서 그런지 할 수 있는 연구는 대부분 다른 연구자들이 이미 진행했기 때문에 초파리로 연구할 새로운 주제를 찾기 힘들다는 것이었다.

그래서 이원재 교수님은 누구도 하지 않았던 초파리 장내 미생물에 관한 연구를 시작했다. 당시만 해도 장내 미생물이 초파리에게 어떤 영향을 주는지 연구되어 있지 않았기 때문에 개척자로서 다양한 주제의 길을 열었다. 당시 가장 큰 의문은, 사람도 그렇지만 초파리의 면역 세포 중 절반 정도가 장에 모여 있는 이유를 잘 모른다는 것이었다. 15년이 지난 지금도 정확한 답은 찾지 못한 채 작은 증거들로 큰 퍼즐을 채워가는 단계지만, 당시에는 이 질문마저 누구도 하지 않았다.

초파리의 장내 미생물과 면역에 관해 단순하게 생각하면 다음과 같다. 대장은 외부에서 계속해서 새로운 음식물과 그 속에 있는 화학물질들이 들어오는 기관이다. 따라서 초파리와 같은 동물은 외부의 물질들에 대비하기 위하여 준비할 수 있는 면역 체계를 발전시키는 것이 효율적이다. 특히 병원균이 입과 위를 통과하면서 분해되어 장에 도달했을 때 면역 세포가 이 잔해를 이용하여 항체를 만들거나 기억 세포에 기억해두면 앞으로 병원균에 효과적으로 대비할 수 있을 것이다.

7~8년 전 이원재 교수님이 장-뇌축Gut-brain axis에 관해 이야기하신 적이 있다. 당시에는 의미와 용어가 생소한 개념이었다. 일반적으로 그래프를 그릴 때는 x축과 y축을 만들고 거기에 점이나 막대그래프를 그려서 결과를 표시한다. x축의 '축'을 영어로 'axis'라고 하는데 이는 한 지점에서 시작해서 다음 지점으로 이어지는 선을 말한다. 대부분 숫자 0에서 출발해서 숫자를 표시하고 직선으로 긋는다. 숫자가 아니라 우리 몸의 장과 뇌를 '축'으로 연결한다는 것은 무슨 뜻일까? 사실 장-뇌축 개념은 장내 미생물 연구가 활발해지면서 많은 사람이 관심을 가지는 분야가 되었다. 혹시 관심이 있다면 이 단어를 인터넷에 찾아보자. 어마어마한 정보를 얻을 수 있다.

이원재 교수님이 초파리로 실험한 장-뇌축 연구는 가장 간단한 질문에서 출발한다. '내가 먹고 싶은 것은 누가 결정하는가?' 물론 나 자신이 결정한다. 여기서 나 자신은 무엇인가? 이 질문에 답하기로 했다. 인간은 초파리와 대화할 수 없기 때문에 초파리의 행동에 영향을 줄 수 있는 조건을 만들어야 한다. 모든 생명체에게 가장 중요한 욕구는 무엇일까? 당연히 '먹는 것'일 것이다. 이원재 교수님은 특히 생명체가 만들지 못해서 외부로부터 섭취해야만 하는 음식에 집중했다. 그중 하나는 필수아미노산이다. 필수아미노산이란 생명체에게 꼭 필요하지만 스스로 만들어낼 수 없어 반드시 외부로부터 들여와야 하는 아미노산을 말한다. 초파리도 필수아미노산을 스스로 만들어내지 못한다. 이원재 교수님은 초파리를 굶긴 후 필수아미노산이 하나씩 빠진 음식을 제공했다. 이후 빠져 있던 필수아미노산이 하나씩 놓여 있는 접시를 준비해서 초파리가 어디로 날아가는지 관찰했다. 초파리를 한 마리씩 관찰하기는 힘들기 때문에 필수아미노산 접시에 각각 다른 색을 칠해서 초파리가 어느 쪽으로 날아갔는지를 추적했다. 관찰 결과 초파리는 귀신같이 자기에게 부족한 필수아미노산 쪽으로 날아갔다.

그렇다면 여기서 몇 가지 질문이 생긴다. 초파리는 자기에게 어떤 필수아미노산이 부족한지 어떻게 알 수 있을까? 추가 연구를 통해서 밝혀낸 것은, 초파리의 장에 필수아미노산을 인식하는 수용체가 존재하고 이 수용체에서 필수아미노산이 부족하다는 신호를 감지하면 뇌에 지령을 내려 필수아미노산 쪽으로 날아가게 한다는 것이다. 장-뇌축이 없다면 일어나지 못하는 현상이다. 결국 호르몬의 작용이 행동을 유도한다고 생각한 연구자들은 초파리가 필수아미노산에 반응할 때 많이 생산되는 호르몬에 주목했다.

그렇게 발견된 호르몬이 CNMa다. 이 호르몬은 흥미롭게도 장 상피세포에서 만들어진다. 무엇이 이 호르몬 생산을 늘리게 하는 걸까? 장내에 필수아미노산이 없다는 것을 인식하는 수용체가 존재해야 CNMa 양이 조절될 텐데 이것이 무엇일까? 연구자들은 장 상피세포 표면에서 GCN2와 같은 수용체를 찾았고 이 수용체가 필수아미노산의 결핍을 인지한다는 것을 알아냈다. 그런데 수용체가 필수아미노산의 개수만큼 있지는 않다. 어떻게 몇 개만으로 전체 필수아미노산의 결핍을 인지하는지는 아직 알려지지 않았다. 연구자들은 한 발 더 나아가 CNMa 호르몬이 뇌로 이동하는 신경계도 찾았다. 이 신경계와 수용체, 그리고 CNMa 호르몬이 없는 돌연변이 초파리는 필수아미노산으로 이동하지 않았다.

그렇다면 자연 상태에서 초파리는 필수아미노산 결핍을 어떻게 해결할까? 정답은 장내 미생물이다. 사람과 마찬가지로 장내 미생물이 초파리가 만들지 못하는 필수아미노산을 생산하여 제공한다. 필수아미노산을 만들 수 있는 장내 세균을 조작하여 타깃 필수아미노산을 만들지 못하게 했을 때에도 초파리는 타깃 필수아미노산이 있는 접시로 날아갔다. 초파리의 장에 혀가 있는 건지 뭐가 부족한지 알아내고 초파리의 행동을 조절하는 것이다. 결국 장내 미생물이 어떤 물질을 만들어내느냐에 따라 기주의 행동이 달라진다.

좀비 개미의 섬찟한 죽음

미생물이 동물의 행동을 직접적으로 조절하는 현상에 대해 더 알아보자. 여기 '이상한 개미'들이 있다. 개미 중에는 나무 위나 나뭇가지에 집을 짓고 사는 종류도 있지만 대부분은 땅속에 콜로니를 만들고 산다. 이들은 먹이를 채집하기 위해 나가는 시간을 빼고는 대

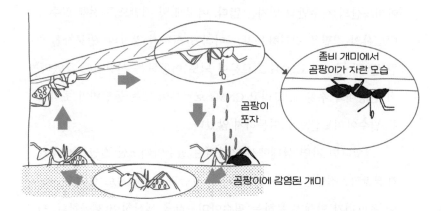

곰팡이
포자

좀비 개미에서
곰팡이가 자란 모습

곰팡이에 감염된 개미

개미가 우연히 곰팡이 포자를 맞으면 몸속에서 곰팡이가 자라며 며칠 후
좀비가 된다. 높은 곳으로 올라가 죽은 개미 몸에서는 동충하초가 자라고,
다시 곰팡이 포자는 아래로 떨어지며 다른 개미를 기다린다.

부분 땅속에서 생활한다. 그런데 개미들이 이상한 행동을 보이기 시작할 때가 있다. 갑자기 많은 개미가 식물을 타고 올라가 더 높은 곳으로 경쟁하듯 올라가기 시작한다. 그것도 새들이 잘 보이는 나뭇잎의 끝쪽으로 이동한다. 마치 좀비들이 특정 신호에 반응하여 움직이는 것처럼 보인다. 그리고 갑자기 약속이나 한 듯이 모든 개미가 움직임을 멈추고 한자리에 거꾸로 붙어 있다. 며칠 동안 미동도 하지 않는다. 더 자세히 관찰해보면 며칠이 지나면서부터 동충하초들이 자라기 시작한다. '동충하초', 한자의 뜻을 풀면 겨울에는 벌레요, 날씨가 따뜻해져서 여름이 되면 꽃이 되는 생물을 말하며, 한의학에서는 귀한 약재로 사용된다. 동충하초는 사실 곤충을 감염시켜 자

6 잘못 먹어서 좀비가 됐어!

라는 버섯(곰팡이)의 일종이다. 곤충이 죽은 후에는 몸에 이상한 나뭇가지처럼 생긴 곰팡이 구조체들이 자라나기 시작한다. 이들은 오피오코르디셉스*Ophiocordyceps*라는 속의 곰팡이들이다(좀 더 크게 보면 히포크레알레스*Hypocreales*와 엔토모프토랄레스*Entomophthorales*속). 그런데 신기한 점은 이들 곰팡이 가지가 자라기 시작하면 그 식물 아래에는 언제나처럼 친구 개미들이 부지런히 지나다닌다는 것이다. 자기 위에 친구들이 죽어서 붙어 있는 줄은 꿈에도 모른 채 말이다.●

이 연구의 최선봉에 있는 센트럴플로리다대학교University of Central Florida의 카리사 드 베커Charissa de Bekker 교수팀은 오랫동안 왜 개미들이 이런 행동을 하는지를 연구해왔다. 곰팡이들이 어떻게 개미의 행동을 조절하는지를 최신 기술로 연구하고 있다. 제일 먼저 궁금한 점은 '왜 이 곰팡이는 개미의 행동을 조절해야만 하느냐?'다. 즉 '곰팡이가 개미의 행동을 조절하면서 얻는 이익은 무엇일까?' 하는 의문이다. 드 베커 교수팀이 자세히 관찰해보니 동충하초로 변한 개미는 곰팡이 포자를 공기 중으로 날리고 있었다. 이 곰팡이 포자는 아래를 지나고 있는 친구 개미에게 방사능 낙진과 같이 떨어져 개미들을 계속 감염시켰다.

곰팡이에 감염된 개미들에게 어떤 일이 일어나는지 살펴보자.

● https://www.sciencedirect.com/science/article/pii/S2214574518300865?via%3Dihub

첫째 생체 시계 변화다. 곰팡이에 감염된 개미들의 이상 행동 중 하나는 시간에 맞지 않는 행동을 하는 것이다. 자기 콜로니로 돌아가야 하는 밤에 식물 잎으로 올라간다. 밤은 햇빛이 없고 습기가 많기 때문에 곰팡이 입장에서는 발아와 생장에 유리하다. 감염된 개미들이 이렇게 행동하는 이유는 곰팡이 단백질이 체내로 분비되어 생체 시계를 교란하기 때문이다. 둘째 과민 반응이다. 일반적인 개미와 달리 곰팡이에 감염된 개미들은 개별 행동을 하고 너무 활발하게 움직이며 여왕개미의 명령에 복종하지 않는다. 이러면 개미는 콜로니에서 만들어지는 항생물질의 보호를 받을 수 없지만 곰팡이에게는 자라는 데 방해되는 물질이 없어 훨씬 유리하다. 셋째 서밋병이 발생하여 개미의 몸에서 버섯처럼 생긴 곰팡이가 자라난다. 이 현상은 버섯의 갓에서 포자가 엄청나게 많이 만들어져서 공기 중으로 날아갈 준비가 되었다는 것을 의미한다. 넷째 강력한 부작용이다. 개미는 나뭇잎에 무척 강하게 붙어 있는데 바람이 불어도 절대 떨어지지 않을 정도이다. 이렇게 죽으면 개미는 계속해서 포자를 날릴 수 있다. 다섯째 날개 펴기다. 날개 사이에 포자가 낄 수도 있기에 날개가 있는 개미들은 죽을 때 날개를 활짝 펴고 죽는다. 여섯째 과도한 교미다. 곰팡이에 감염된 개미들은 과도하게 교미 활동을 한다. 이는 곰팡이가 더 많이 퍼질 수 있는 기회를 제공한다. 이 밖에도 여러 가지 이상 행동을 하지만 연구자들은 아직 질문들의 답을 찾지 못하고 있다.

내가 가장 궁금한 점은 이들 곰팡이가 얼마나 많은 곤충 속에 퍼져 있느냐는 것이다. 드 베커 교수의 최신 연구 결과를 보면 생각보다 많은 곤충종에서 이들 곰팡이가 발견된다. 어떤 곰팡이는 공생을 하고 어떤 곰팡이는 기주를 죽게 하는 등 그 기능도 다양하다. 그렇다면 곤충이 스스로 그렇게 행동하고 싶어 했는지, 아니면 곰팡이가 시켜서 그랬는지를 구분할 수 없다. 사람은 어떨까? 혹시 우리가 원해서 한다고 생각하는 행동 대부분이 우리 몸속 미생물이 만든 호르몬 변화 때문에 일어나는 것은 아닐까?

좀비 식물

미생물에 의해 좀비가 되는 동물이 있는가 하면 식물도 좀비로 변한다는 뉴스가 2014년에 일반인들의 관심을 끌기도 했다. 영국의 유명 식물 연구소인 존인스연구소John Innes Centre의 사스키아 호겐하우트Saskia A. Hogenhout 박사는 파이토플라스마Phytoplasma라는 세균이 어떻게 식물의 생리를 조절하는지를 연구했다. 특히 파이토플라스마가 만드는 단백질 중에서 SAP54에 집중했다.

여기서 파이토플라스마에 대한 기본적인 지식이 필요하다. 식물병을 연구하는 학자들이 세균이 식물에 병을 일으킨다는 사실을 본격적으로 밝혀낸 20세기 이전으로 거슬러 올라가보자. 1890년대에 미국 농무부USDA의 식물학자였던 어윈 프링크 스미스Erwin Frink Smith 와 독일의 알프레트 피셔Alfred Fischer 교수는 세균과 식물의 병에 관한 문제를 두고 10년 가까이 격론을 벌였다. 결과가 어윈 스미스의 승리로 굳어지면서 세균이 일으키는 병에 대한 관심이 집중되었다. 이후 바이러스라는 전혀 새로운 형태의 병원체가 발견되면서 식물에 병을 일으키는 미생물에 관한 연구가 르네상스를 이루었다. 이때 등장한 것이 파이토플라스마인데, 이전에는 볼 수 없던 특징들을 가지고 있었기 때문에 미생물학자들을 혼란에 빠뜨렸다.

파이토플라스마는 현미경으로 볼 수 있고 모양이 세균처럼 생겨서 학자들은 당연히 세균으로 생각했다. 그런데 인공 배지에서 전혀 배양이 되지 않았다. 물론 배양이 되지 않는 세균도 많기는 하다. 때마침 알렉산더 플레밍Alexander Fleming이 발견한 페니실린 항생제로 처리해봤는데, 역시 죽지 않았다. 더 신기한 것은 세균의 크기는 보통 1마이크로미터이기 때문에 파이토플라스마를 0.5마이크로미터 정도의 구멍이 있는 필터에 통과시키면 필터를 통과하지 못해 남아 있어야 하는데, 실험해보니 남아 있는 것이 없고 모두 아래로 빠져나가버렸다.

어떻게 이런 일이 일어날 수 있을까? 늘 고정관념이 문제다. 당시 미생물학자들은 세균은 세포막이라는 몸이 있고, 이것을 감싸는 세포벽이라는 옷을 입고 있다고 생각했다. 그람양성균은 그 옷이 두껍고 그람음성균은 얇다는 특징이 있다. 당시 학자들은 당연히 세균

6 잘못 먹어서 좀비가 됐어!

이니 이 옷을 입고 있어야 한다고 생각했다. 그런데 미생물학자들을 멘붕에 빠뜨린 파이토플라스마는 아예 세포벽이 없었다. 옷을 입지 않고 돌아다니는 세균이라 생각하면 쉽게 이해될 것이다. 페니실린 계열 항생제는 세균 세포벽을 타깃으로 한다. 파이토플라스마는 세포벽이라는 옷이 없기에 이것을 타깃으로 하는 항생제도 작용하지 않고, 형태를 잡아주는 세포벽이 없기에 작은 구멍도 쉽게 통과해서 필터가 무용지물이었던 것이다.

파이토플라스마의 형태가 기존 상식을 뛰어넘는 것에 더해서 생활사를 살펴보면 더 신기한 점을 알 수 있다. 파이토플라스마는 바이러스와 달리 스스로 증식할 수 있다. 하지만 곤충이라는 버스를 이용해야만 식물 사이를 이동할 수 있다. 왜냐하면 세포벽이 없어서 외부 자극에 아주 취약하기 때문이다. 쉽게 말해 터지기 쉬운 물풍선이 돌아다닌다고 생각하면 된다. 풍선은 고무라는 재질 덕분에 그래도 외부 자극에 적당하게 버틸 수 있지만, 세포막만 있는 파이토플라스마는 pH나 전해질의 차이만으로도 터져버릴 수 있다. 따라서 그저 운반차 정도가 아니라 무진동 특장차 같은 특별한 기주 곤충이 있어야 한다. 그래서 이들은 보통 매미충과leafhopper를 찾아 헤맨다. 아주 까다로운 파이토플라스마는 매미충이 아닌 곤충 몸속에 잘못 들어갔다가는 모두 터져 죽게 될 게 뻔하기 때문이다. 그런데 미스터리인 점은, 매미충이 어떻게 파이토플라스마에 걸린 식물을 알고 다시 즙액을 빨아 먹기 위해서 오느냐다.

파이토플라스마에 감염된 식물에는 특이한 병징이 나타난다. 보통 병징은 식물이 죽거나 시들거나 색이 누렇게 바뀌는 것이지만 파이토플라스마 감염의 결과는 전혀 다르다. 오히려 잎이 더 무성하게 자라는 것이다. 그것도 일반적인 잎의 모양이 아닌 뾰족한 형태 (마치 소나무잎과 같은)의 잎들이 과다하게 만들어진다. 그래서 병리학자들은 파이토플라스마의 병징에 '마법사의 빗자루Witches' broom'라는 인상적인 이름을 붙여주었다. 이야기의 주인공인 파이토플라스마의 이름은 AY-WB인데, 여기서 WB가 마법사의 빗자루를 의미한다.

AY-WB를 연구하던 사스키아 교수는 AY-WB가 만들어낸 SAP54라는 단백질이 파이토플라스마가 식물을 감염시킬 때 많이 만들어진다는 것을 알고 이 단백질이 식물에 많이 만들어지도록 조작했다. 그랬는데 아무런 변화가 없었다. 하지만 한참 뒤에 꽃이 피기 시작하면서 이상한 현상이 관찰되었다. 사스키아 교수는 모델 식물인 애기장대를 사용했다. 그 이유는 씨앗을 심은 지 한 달이 지나면 꽃을 피울 수 있기 때문이다. 애기장대는 십자화과 식물이기 때문에 네 장의 십자가 모양의 하얀색 꽃잎 안쪽에 노란색 암술이 있는 것이 보통이다. 그런데 SAP54 단백질이 많은 애기장대에는 꽃이라고 보기 힘들 정도로 모두 녹색인 이상한 꽃이 피었다. 추가 연구를 통해 밝혀진 바에 따르면, AY-WB가 잎을 만드는 신호를 조작해서 꽃 대신 잎을 만드는 신호를 더 많이 만들게 한 결과였다.

그러면 파이토플라스마 AY-WB는 왜 식물의 꽃을 잎으로 만들려고 했을까? 그래서 얻는 이익이 무엇일까? 사스키아 교수는 '곤충이 혹시 더 많이 와서 알을 낳지 않을까?' 하는 가설을 세우고 실험을 했다. 예상했던 대로 AY-WB의 SAP54 단백질을 많이 발현한 식물 쪽으로 매미충들이 몰려들었다. 결국 식물을 좀비로 만들어 곤충을 유인한 이 까다로운 승객은 원하는 택시를 무료로 타고 다른 식물로 이동할 수 있었다. 왜 뾰족한 잎을 곤충이 선호하는지는 아직 잘 모른다.

그럼 인간은 어떨까? 우리의 생각(자유의지)이라고 착각하는 많은 부분을 혹시 알지 못하는 다른 존재가 조종하고 있지는 않을까? 인간이라는 단일종이 아닌 미생물도 우리의 일부라고 생각하고, 이들의 역할에 우리의 행동과 생각도 할애해야 하지 않을까? 왜냐하면 미생물이 인간보다 훨씬 먼저 존재했고, 자신들의 경험을 다세포 생명체인 인간에게 전달하기 위해 다양한 방법으로 대화를 시도했을 것이라 여겨지기 때문이다. 새롭게 개봉될 좀비 영화와 드라마가 기다려지듯이 미생물의 좀비 기주에 대한 새로운 실험 결과도 많이 나오길 기대한다. 특히 인간에 대한 이야기가….

정신질환과 장내 미생물

예전부터 알려진 이야기가 있다. 정신건강의학과 환자들의 장염이나 감염 때문에 세균이나 곰팡이를 죽이는 항생제나 항균제를 처방하면 환자들의 정신적 상태가 호전되는 경향이 나타난다는 것이다(이유는 모르지만, 정신적으로 문제 있는 환자들은 장에 문제가 있는 경우가 많다고 한다). 우울증을 앓고 있는 환자가 우울증약 없이 항생제만 먹어도 증상이 호전되는 결과가 관찰되었다. 예전에는 그냥 일시적인 부작용 정도로 치부되었다. 하지만 과학의 발전은 이런 작은 모순들이 하나둘씩 모이고 많은 사람이 일반화할 때 큰 힘을 발휘하게 된다. 전혀 예상치 못한 결과를 통해서 기전이 새로운 약이 개발되는 경우도 종종 있다. 우리가 잘 아는 발기부전 치료제나 발모제 등이 좋은 예다.

항생제나 항균제를 먹으면 왜 정신질환이 완화될까? 아직까지 풀리지 않은 수수께끼가 많긴 하지만 최근 밝혀진 바로는 장에 있는 미생물의 숨은 역할 때문이다. 우리의 기분이 좋아지거나 멜랑콜리해지는 이유를 과학자들은 호르몬의 장난으로 설명한다. 심지어 사랑의 감정까지도 호르몬의 교묘한 작용에 의해서 일어난다고 본다. 그러면 이들 호르몬은 어떻게 만들어질까? 뇌가 기분과 행동을 좌우하니 뇌에서 만들어질 것이라고 생각했지만 20세기 후반부터 호르몬 생산에서 이상한 부분들이 발견되기 시작했다. 먼저 인간의 유전자를 분석해보니 우리가 아는 호르몬 중 몇 가지를 만드는 유전자가 인간의 DNA에서 발견되지 않았다. 자세히 분석한 결과 이 호르몬들은 장내 미생물이 생산하고 있었다.

이야기가 나온 김에 더 진도를 나가보자. 그렇다면 '장내 미생물을 이용하여 정신병을 치료할 수 있을까?' 하는 질문을 할 수 있다. 과학자들은 결국 이들 장내 미생물의 균형이 중요하다고 생각한다. 일부 우울증의 원인 중에는 장내 세균인 클로스트리듐이 내는 독소가 포함된다. 그래서 이들 세균을 항생제로 제거하면 우울증이 호전되는 것이다. 결국 정신질환의 원인 중 하나는 장내 미생물의 불균형이라는 이야기다. 2017년에는 애리조나주립대학교에서 자폐 증상을 가진 7~16세의 아이 18명에게 건강한 사람에게서 유래한 분변을 이식했다. 처음에는 자폐아들에게 설사, 복통, 변비, 소화불량과 같은 증상이 있었기 때문에 장 트러블 치료에 가장 효과적이라고 하는 정상인의 대변을 이식하는 시술을 실시했다. 대변을 묽게 만들어 초콜릿우유나 주스에 섞어 먹이거나 관장을 했다고 한다. 그런데 놀랍게도 장 트러블이 치료되었을 뿐만 아니라 예기치 않게 자폐 증상이 호전되었다. 더욱 놀라운 점은 2년간 추적 조사해보니 자폐 중증 비율이 89퍼센트에서 47퍼센트로 감소했고 18퍼센트 정도는 자체 진단 기준 이하로 정상화되었다고 한다.•

• https://news.asu.edu/20190409-discoveries-autism-symptoms
   -reduced-nearly-50-percent-two-years-after-fecal-transplant

• https://www.nature.com/articles/s41598-019-42183-0

나무와
스컹크의
공통점

냄새로 병을
진단할 수 있을까

미국의 연말은 추수감사절에서 시작해서 성탄절과 새해로 이어지는 연휴로 마무리된다. 이 시기에 과일을 파는 식료품점에 가면 사과와 배가 산처럼 쌓여 있다. 스티브 잡스가 어린 시절 과수원에서 아르바이트를 많이 해서 회사 이름을 애플로 정했다는 이야기가 전해지는 캘리포니아여서인지 많은 사과가 종류별로 진열되어 있다. 그런데 어느 날 보니 한국에서 먹었던 것과 똑같은 배가 진열되어 있는 것이 아닌가? 그것도 'Shinko pear(신고배)'라는 이름표와 함께 말이다. 자세히 보니 아래에 작은 글씨로 'Korean pear(한국배)'라는 설명이 붙어 있었다. 한국 신고배가 미국의 유명 식료품점에 전시되어 있는 것을 보고 격세지감과 함께 안도감을 느꼈다. 내가 느낀 안도감의 근원은 국내 사과와 배 농가를 괴롭혀서 '나무 에이즈'라는 별칭이 붙은 화상병 때문이다. 화상병은 말 그대로 불에 화상을

7 나무와 스컹크의 공통점

입은 것처럼 나무의 잎이 까맣게 타들어가는 증상 때문에 미국에서 fire blight(불에 탄 듯한 잎 마름 증상)라고 불린 데서 기인한다. 우리나라의 사과·배 농가들은 화상병이 국내에 상륙하지 못하도록 오랫동안 노력했다. 하지만 2015년 봄 처음으로 화상병이 국내에 상륙하면서 검역으로 막기보다는 이미 발생한 화상병의 확산을 막는 데 집중하기 시작했다. 이러한 어려움에도 불구하고 미국에 배를 수출하게 된 농민들과 관계 당국에 찬사를 보낸다. 반가운 마음으로 마주한 신고 배는 무척 비쌌다. 손님 대접을 위한 갈비찜 양념에 쓰려고 하나만 사고는, 깎고 남은 귀퉁이를 한 조각 얻어 먹는 것으로 향수를 달래야 했다.

여기서는 화상병을 일으키는 세균에 대해 먼저 알아보고, 화상병을 조기에 진단할 수 있는 방법을 바이오나노 기술을 이용해서 개발한 과정을 소개한다.

화상병의 기적적인 전략

먼저 화상병이 무엇인지부터 알아보자. 화상병은 세균이 일으키는 병이다. 기주로는 식물 분류학상 핵과류에만 감염한다고 알려져 있다. 핵과류는 과일의 중간에 핵이라 불리는 단단한 껍질이 있고 그 속에 씨앗이 여러 개 숨어 있는 식물종이다. 사과와 배가 여기에 속한다. 아직 이유는 정확히 모르지만 어위니아 아밀로보라*Erwinia amylovora*라는 세균이 화상병의 원인균이다. '세균이 식물에 병을 유발할 수 있을까?'라는 주제로 독일의 유명 미생물학자 알프레트 피셔와 논쟁하여 승리를 거둔 (미국 코넬에 위치한) 미국 농무부의 어윈 프링크 스미스의 이름을 기억하기 위해서 어위니아*Erwinia*라는 속 이름을 붙였다. 미국 코넬대학교의 토머스 버Thomas Burr 교수님은 어위니아 아밀로보라를 평생 동안 연구했다. 이분과 동료들의 연구를 통해서 어위니아 아밀로보라의 생활사와 병을 내는 기작이 밝혀졌다. (현재 버 교수님은 은퇴하셨고, 국내에는 코넬대학교 실험실 출신인 연세대학교 김지현 교수님과 서울대학교 오창식 교수님이 계신다.)

그럼 이 세균이 어떻게 병을 일으키는지 알아보자. 다른 세균과 비교해서 식물에 침입하는 방식이 독특하다. 일반적인 식물 병원 세균은 잎과 뿌리의 상처를 통해, 아니면 잎에 있는 기공을 통해 침입한다. 하지만 아밀로보라(이제부터 편의상 '아밀로보라'라고 부르겠다)는 특이하게도 꽃을 통해서 감염한다. 식물의 꽃은 중요한 기관이다. 수정을 통해서 열매를 만들고, 이것이 다음 세대에 자기 종이 살아남을 수 있는 유일한 수단이 되기 때문이다. 인간의 자궁이 미생물이 들어가지 못하도록 발전했듯이 꽃과 암술, 수술, 씨방에 미생물이 감염하면 종자를 제대로 맺을 수 없게 된다. 생명체에게는 치명적인 일이다. 그래서 식물은 꽃이 미생물에 감염되지 않도록 다양한 방법을 강구한다. 대표적인 예가 설탕물을 만들어서 삼투압을 높이는 전략이다. 설탕물 속에서 세균이 잘 자라지 못하는 이유는 삼투압 때문에 세포가 터져버리기 때문이다(물론 설탕을 알코올로 만드는 미생물도 있다. 발효주 대부분이 이렇게 만들어진다). 이 설탕물을 넥타nectar라고 부르는데, 나비와 벌은 넥타를 훔쳐서 자신의 먹이로 사용한다. 그 덕택에 꽃은 수정이라는 큰 이익을 얻게 되니 식물에게도 크게 손해 보는 장사는 아니다. 아무튼 일반적인 세균은 넥타에서 살아남기 힘들다. 이 힘든 허들을 뛰어넘은 세균이 아밀로보라다. 아밀로보라가 넥타 속에서 살아남는 전략은 아직 정확히 알려지지 않았지만, 화상병이 발생하는 배나무나 사과나무의 잎 속에는 여지없이 이 종류의 세균만 발견되는 것을 보면 특별한 능력이 있는 것이 틀림없다.

아밀로보라의 크기는 1~2마이크로미터다. 우리가 일반적으로 사용하는 문구용품인 자는 가장 작은 눈금의 크기가 1밀리미터이

병원균 접종 후 사과나무에서 병이 나타나는 정도

다. 1마이크로미터는 1밀리미터의 1,000분의 1이다. 이제 상상력이 조금 필요하다. 이 작은 세균이 어떻게 꽃에서 꽃으로 이동할 수 있을까? 세균에게는 어쩌면 김해에서 제주도로 가는 것과 비슷한 거리일 수 있는데 어떻게 이것이 가능할까? 답은 바람과 빗물이다. 많은 연구를 통해 알려진 바로는 감염된 꽃에서 세균이 넥타를 먹이로 자라고, 이 세균들이 빗방울의 충격을 받으면 물 입자와 함께 공중에 튀어 오른다. 이후 바람이 불면 사방으로 흩어진다. 이때 운 좋게 다음 꽃에 도달한 아밀로보라는 자기의 자손들을 볼 수 있다. 수천·수백만 분의 1의 확률일지 모르지만 이러한 작용으로 사과밭은 아밀로보라의 아지트가 되고 만다.

일단 꽃에 도달한 세균은 어떻게 식물에 침입할까? 사과와 배를 재배할 수 있는 기후대에는 봄에 꽃이 피고 비도 많이 내린다. 꽃잎 귀퉁이에 도달했더라도 빗물에 의해 안쪽으로 이동하는 것은 쉽다. 그것도 물속이라면 세균은 편모를 이용해서 꽃 내부에 있는 넥타 쪽으로 수영해 이동할 수 있다. 넥타에 도달하기만 하면 순식간에 엄청나게 증식한다. 증식에 성공했다면 이제 식물의 조직 속으로 이동할 차례이다. 꽃은 봄에 잠시 피었다가 수정 후에 바로 떨어져버리기 때문에 아밀로보라가 증식하여 몸집을 불리기에는 주어진 시간이 그렇게 많지 않다. 꽃이 떨어지기 전에 아밀로보라는 식물체 속으로 침투해야 한다. 대부분의 꽃은 식물 속으로 들어가는 고속도로와도 같다. 식물에서 넥타를 만들어서 지속적으로 꽃으로 보내는 통로를 거꾸로 이용하면 쉽게 들어갈 수 있다. 식물 속에 들어간 아밀로보라는 더 깊이 들어가기 전에 막 자라기 시작하는 꽃 근처에 있는 나뭇잎에 들어가기도 한다.

이제 반대로 식물 입장에서 생각해보자. 식물체는 이 조그만 침입자를 가만히 두고만 볼까? 그렇지 않다. 식물도 아밀로보라가 자기 몸 속에 들어가서 새로 난 나뭇잎에 침입하기 시작하면 이를 제거하려고 한다. 세균을 죽일 수 있는 독성이 강한 페놀 물질을 분비하거나, 이것이 여의치 않으면 세균에 감염된 나뭇잎의 세포만 선택적으로 죽여버리거나, 아니면 아예 나뭇잎 전체를 떨어뜨려버리는 전략으로 대항한다.

누가 이길까? 다윗과 골리앗의 싸움에서 늘 승자는 크기가 작은 다윗이다. 아밀로보라도 나무라는 골리앗에 대항하는 조약돌과 같은 무기를 가지고 있다. 아밀로보라의 조약돌은 단백질인데, 이 단백질을 효과 인자effector라고 부른다. 아밀로보라가 만든 효과 인자는 빨대 모양의 통로를 통해 식물세포 속으로 이동한다. 효과 인자는 식물세포 속에 있는 아밀로보라를 죽이려는 다양한 물질과 단백질을 만드는 경로를 교란하여 더 이상 식물이 대응하지 못하게 만든다. 1마이크로미터의 작은 세균 하나가 몇 미터나 되는 나무에 대항하는 기적적인 전략을 보면 신은 공평하다고 느끼게 된다.

식물의 저항성 반응을 효과적으로 억제한 아밀로보라는 이제 마음껏 식물의 영양분을 먹을 수 있다. 이전에는 넥타를 급하게 먹고 증식하는 데 이용했지만 이제는 그렇게 급하게 먹을 필요가 없다. 식물이 지속적으로 광합성하여 만드는 다양한 당을 꾸준히 얻을 수 있기 때문이다. 그 물질이 이동하는 길목에서 맛있는 음식을 마음껏 먹고 증식할 수 있다. 그리고 아밀로보라는 독소를 이용해서 새로 난 연한 잎들을 죽인다. 이것이 화상병이라는 이름이 붙은 이유다. 물론 세균 감염이 심해지면 꽃도 까맣게 죽어서 떨어진다. 이제 아밀로보라는 사과나무 전체에 분포하면서 천천히 그리고 편안하게 만찬을 즐길 수 있게 되었다. 이 정도 되면 벌써 시간은 초여름 정도에 도달한다.

여름잠을 자는 세균

여름이 되면 나무가 왕성하게 자란다. 나뭇잎이 무성하게 나고 새로운 줄기도 많이 뻗어 나온다. 물론 열매도 조금씩 자라게 된다. 이렇게 좋은 시기에 아밀로보라는 이상한 행동을 한다. 바로 하면夏眠이다(사실 아밀로보라는 하면과 동면을 모두 한다. 코알라처럼 잠이 많은 세균이다). 동면은 양서류나 곰 등의 동물들이 겨울을 나기 위해 잠자는 것을 말하는데, 반대로 여름에 잠을 자는 하면은 그리 잘 알려져 있지 않다. 하지만 자연에서 하면을 하는 경우가 종종 보고되는데, 식물병 중에서는 아밀로보라가 좋은 예다. 몇몇 곰팡이 병원균도 하면한다고 한다. 식물이 왕성하게 자랄 때 아밀로보라는 어딘가에 숨어서 더 이상 자라지 않고 조용히 지낸다. 높은 온도를 좋아하지 않는지, 아밀로보라는 땅속 등에서 시원하게 여름잠을 잔다. 그래서 봄철 사과밭에서 화상병 증상을 발견하면 아밀로보라를 꽃이나 잎에서 쉽게 분리할 수 있는데, 여름이 되면 어디에서도 아밀로보라의 자취를 찾을 수가 없다. (식물이 과도하게 성장할 때에는 아밀로보라를 죽일 수 있는 다양한 물질을 만들어내기 때문에 아밀로보라 숫자가 줄어든다는 이론도 있다. 이 이론에 따르면 가을이 되면 잎이 떨어지고 대부분의 영양분이 열매로 이동하기 때문에 힘이 약해진 틈을 타서 아밀로보라가 다시 자라게 된다.)

그러다가 날씨가 시원해지고 낙엽이 지는 가을이 되면 아밀로보라가 다시 증식하기 시작한다. 아밀로보라가 다시 자라나면서 사과나무는 아밀로보라의 놀이터가 된다. 이때가 아밀로보라에게 중요하다. 동면을 위하여 충분히 수를 늘려놓아야 극심한 환경 변화 때문에 많이 죽더라도 최소한의 수는 내년 봄까지 살아남을 수 있기 때문이다. 아밀로보라에게는 두 가지의 위협이 있다. 여름에는 식물이 아밀로보라를 죽이려고 했다면, 다가올 겨울에는 환경이 아밀로보라를 죽이려고 할 것이다. 충분히 숫자를 불린 아밀로보라는 식물의 곳곳에 자리 잡고 겨울을 준비한다. 특히 내년에 꽃이 필 나뭇가지의 끝부분에 자리를 잡는 것이 내년을 위한 좋은 선택일 수 있다. 만약 좋은 자리를 친구가 먼저 차지했다면 차선책으로 표피 조직이 약한 나뭇가지를 표적으로 삼을 수도 있다. 나무의 물관은 안쪽에 있고, 잎에서 만든 광합성의 산물이 이동하는 체관 조직은 바깥쪽에 분포한다. 아밀로보라가 이 체관에 자리 잡고 과도하게 자라면 식물의 조직도 비정상적으로 자란다. 나무 표면에 금이 간 것처럼, 아니면 지진으로 땅이 갈라진 것처럼 조직이 벌어지고 그곳으로 세균의 덩어리ooz가 보이게 된다. 화상병이 심한 나무의 경우 세균 덩어리를 맨눈으로 볼 수도 있다.

추운 겨울이 지나고 온도가 조금씩 올라가면서 꽃이 피면 아밀로보라는 다시 꽃을 공격한다. 물론 꽃의 근처에 있는 아밀로보라가 먼저 넥타를 먹을 것이다. 나뭇가지에 매달려 있는 꽃의 경우 초봄에 온도가 높아지면 넥타를 먹고 자란 세균의 수가 급격하게 많아진다. 그리고 비가 와서 세균 덩어리가 빗물을 맞으면 작은 빗물 방울들과 함께 공기 중을 날아다니다가 다른 꽃들에 착륙한다. 이때부터 꽃들은 아밀로보라 차지가 된다. 이렇게 수년에서 수십 년간 아밀로보라는 사과나무를 잠식해 간다. 일년생 식물을 공격하는 머리 나쁜 다른 세균병에 비하여 아밀로보라는 장기적인 싸움에서 쉽게 승리를 거둘 수 있다. 나무의 수명만큼 살 수 있는 것이다.

화상병을 어떻게 막을까

우리가 사과를 계속 먹고 싶다면 어떻게든 아밀로보라를 막아야 한다. 아밀로보라의 행동 양식을 모두 알고 있으면 극복할 수 있을까? 제일 간단한 방법은 아밀로보라를 죽일 수 있는 항생제를 사용하는 것이다. 화상병이 늘 발생하는 이탈리아와 미국에서는 오랫동안 항생제인 스트렙토마이신을 사과 과수원에 뿌렸고, 효과는 확실했다. 하지만 곧 문제가 발생했다. 병원에서 발생하는 슈퍼박테리아와 비슷하게 항생제에 내성이 있는 아밀로보라가 나타나기 시작한 것이다. 사람들은 새로운 항생제를 뿌렸고, 또다시 내성 세균이 생겨나는 엔트로피의 제2법칙과 같은 악의 순환 고리에 들어서게 되었다.

그래서 과학자들은 세균들의 경쟁을 이용한 생물학적 방제 방법을 개발했다. 이 방법을 쓰려면 우선 사과꽃에서 아밀로보라가 아닌 세균을 분리한다. 그리고 이 세균이 병을 일으키지 않는다는 것을 증명한 다음, 사과에 꽃이 피기 시작하면 이 세균을 아밀로보라가 꽃을 점거하기 전에 먼저 뿌린다. 그럼 이 세균이 아밀로보라보다 먼저 넥타를 먹기 때문에 화상병을 막을 수 있다. 이 세균을 꽃에 뿌릴 때도 요령이 필요하다. 무작정 뿌리면 대부분 나뭇잎이나 줄기, 땅에 떨어져 낭비가 심해진다. 학자들은 해결책으로 꿀벌 몸에 이 세균을 묻히는 방법을 개발했다. 꿀벌은 꽃에만 찾아가기 때문이다. 학자들은 꿀벌이 집을 나설 때 이 세균을 몸에 묻혀서 꽃에 골고루 전달하도록 했다.

코로나19의 교훈에서 알 수 있지만 감염병의 가장 큰 문제는 감염된 대상과 건강한 대상이 섞여 있고 누가 병에 걸렸는지 알 수 없다는 것이다. 이 문제를 해결하기 위해서는 뒤섞여 있는 두 그룹을 진단이라는 과학적인 방법으로 나눠야 한다. 이후 감염된 대상은 빨리 치료하고, 아직 병에 걸리지 않는 그룹은 감염 그룹과 분리하거나 백신을 맞혀야 한다. 하지만 사과나무의 경우 백신이 개발되지 않은 것이 문제다.

코로나19가 한창이던 2021년 봄, 농촌진흥청은 화상병 대책을 세우기 시작했고 다른 부처에도 도움을 요청했다. 과학기술정보통신부도 이 문제의 심각성을 이해하고 농촌진흥청을 돕기 위한 방법들을 강구했다. '국민 생활 문제 해결형 과제'라는 이름으로 진행된 이 과제는 부처 간 협력 사업으로 중요하게 자리매김했다. 나는 과학기술정보통신부 과장님과 함께 농촌진흥청 화상병 담당과에 방문해서 브리핑하고 해결 방법을 논의했다. 농촌진흥청의 설명에 따르면 국내에서는 화상병이 발생하면 치료하려 하지 않고 해당 과수원을 폐원시키고 나무들은 땅에 묻는 정책을 펴고 있었다. 너무 급속하게 병이 진전되고 뚜렷한 방제 방법이 없는 상황에서 섣부르게 방제하면 오히려 문제를 키울 수 있다는 판단에서였다. 이때 가장 중요한 이슈는 과학적 방법으로 진단하는 것이다. 오랫동안 과수원에서 사과를 수확해왔고 올해도 수확해야 생계를 유지하는 농민들에게는 화상병 때문에 자신의 과수원을 폐원해야 한다는 말이 마른 하늘에 날벼락 같은 소식일 것이다. 농민들도 인정하는 과학적 방법으로 진단해야 하는 이유가 여기에 있다. 하지만 문제는 초봄에 잠시 아밀로보라가 급속하게 자라는 시기를 제외하면 진단이 쉽지 않다는 것이다. 화상병은 초기에 진단하는 것이 중요하다. 그렇지 않으면 아밀로보라에 감염된 과일과 나뭇잎과 줄기가 계속해서 주위에 있는 과수원을 감염시키는 결과를 가져오기 때문이다. 농촌진흥청의 설명을 들은 나는 현장에 방문하기 위해 새벽같이 일어나 경기도 일대를 돌아다녔다. 화상병이 생긴 과수원은 출입이 철저히 통제된다. 그리고 코로나19 당시처럼 병원에서 착용하는 하얀색 특수복을 입고 과수원에 들어가야 한다. 날씨가 더워져서 땀으로 샤워를 해야 했지만, 농민들의 아픔과 농촌진흥청 직원들의 노고를 한꺼번에 느낄 수 있었다.

범인은 냄새를 남긴다

과연 어떻게 현장에 적용할 수 있는 새로운 진단 기술을 개발할 수 있을까? 나는 진단 기술 개발 전문가인 성균관대학교 권오석 교수님과 함께 현장을 방문하여 농민과 담당자분들과 여러 이야기를 나누었다. 오랫동안 수많은 화상병 과수원을 경험한 농촌진흥청 담당자분이 우리에게 이상한 의견을 제시했다. 자신은 화상병이 발생한 과수원을 방문하면 PCR로 확진하기 전이라도 감염 여부를 먼저 알 수 있다는 것이었다. 순전히 경험에서 나온 이야기였다. 동튼 직후 화상병 발생 과수원에는 이상한 냄새가 나는데, 그 냄새로 화상병 발생을 예측할 수 있었다고 한다. 이후 PCR로 확인한 결과와 상당한 상관관계가 있었다는 이야기였다.

그런데 그 냄새를 어떻게 과학적으로 진단하여 실용화할 것인가? 그 말을 듣고 예상 외로 권오석 교수님은 신이 났다. 나중에 알았지만, 권 교수님의 전공은 바이오나노 기술로 냄새를 진단하는 것이었다. 고기의 신선도를 냄새로 진단하거나, 돼지 축사에서 나오는 냄새를 수치화하여 보여주는 기계를 개발한 경험이 있었다. 권 교수님은 정말 믿기지 않을 만큼 빠른 속도인 2년 만에 현장에서 화상병에 관한 특이한 냄새를 진단하는 기기를 개발하셨다. 그것도 손에 들고 다닐 수 있는 크기에 배터리가 장착된 형태로 말이다.

여기서 기술의 핵심은 어떤 냄새를 타깃으로 할 것인가였다. 우리는 공동 연구를 통해 아밀로보라가 내는 냄새인 부탄다이올을 찾았고, 또한 아밀로보라가 사과나무를 감염시킬 때 특별히 식물이 만들어내는 페닐에틸알코올을 타깃 냄새로 정했다. 선택성을 높이기 위하여 이 냄새를 특이하게 인지하는 인간의 후각 단백질을 조절하여 인식하도록 만들었고, 이 후각 단백질이 냄새를 인식했을 때만 미세한 전기신호를 증폭할 수 있는 기판도 제작했다. 이 장치를 최소화하여 손바닥만 하게 만들었고 신호를 와이파이로 메인 컴퓨터에 전달하게 했다. 화상병이 발생한 과수원의 사과나무에서 시연하는 과정도 원활하게 진행했고, 기술을 이전하는 것과 함께 연구 결과를 우수한 논문으로 발표했다.

냄새를 인식하는 센서가
장착된 전자 기판

냄새를 센서 쪽으로 모으는
플라스틱 컵

병에 걸린 잎

화상병 때문에 발생하는 냄새를 후각 단백질 센서가 인식하고
컴퓨터에 전달하도록 만든 장치. 이 장치를 이용하면 사과밭에 발생하는
화상병을 실시간으로 원격 진단할 수 있다.

화상병은 아직도 진행 중인 이야기다. 앞으로 우리 식탁에서 국산 사과와 배를 찾기 힘들 수도 있다는 생각까지 하게 만들 정도로 강력하다. 무엇보다도 조기에 진단해서 병이 퍼지기 전에 나무를 제거하는 것이 중요한데, 냄새를 이용한 방법을 개발하여 농민들을 도울 수 있어 무엇보다도 보람이 컸다. 과학기술정보통신부와 농림축산식품부의 협력이나 생물학과 나노기술의 협력과 같이 서로에 대한 이질감을 잠시 접어두고 다른 분야와 대화하는 것이 과학 발전에도 중요하다는 사실을 새삼 느끼는 계기가 되었다. 나와 다른 분야, 다른 일을 하는 사람들에 대한 존경과 용납을 배우는 것이 과학 자체를 열심히 하는 것만큼이나 더 중요한 시기가 되었다. 이제 생물학자는 실험실에서 피펫만 움직이거나 온실에서 식물만 키워서는 제대로 활동하거나 연구할 수 없다. 인공지능을 배워야 하고, 나노기술과 같은 재료공학도 이해해야 한다. 조금은 힘들지만 더 큰 생물학을 위해서 꼭 필요한 일이다. 젊은 생물학도들의 건투 아니 행운을 빈다.

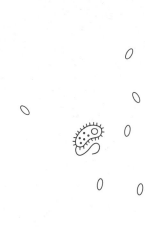

고정관념 깨뜨리기

식물의 병이
동물의 병이
될 수 있을까

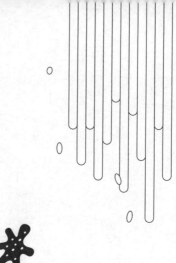

캘리포니아 가정집에는 극락조화가 한 그루 정도씩은 있다. 온화한 날씨 속에서 봄부터 여름까지 꽃이 피고 사과꽃처럼 넥타가 많이 나와서 벌새들의 먹이를 제공해주는 고마운 식물이다. 나는 봄에 꽃대가 올라와서 꽃 피기를 한 달 넘게 기다렸는데 꽃은 피지 않고 봉오리만 계속 커지고 있었다. 그러던 차에 아침에 메시지로 사진 한 장이 도착했다. 온 가족이 며칠을 기다린 극락조화가 핀 것이다. 그 전날에는 정말 필 것 같아서 휴대전화 동영상 촬영을 시작했다 끄기를 수십 번 반복했다. 그런데 모두가 출근하고 아내만 집에 있을 때 꽃이 피었다고 연락이 온 것이다. 누가 식물이 움직이지 않는다고 했던가? 물론 사람이나 동물처럼 빨리 움직이지는 못한다. 하지만 꽃이 봉오리에서 나오는 모습이 어떻게 움직임이 아니라고 말할 수 있을 것인가? 이제부터 속에 있는 꽃들이 연속해서 나오고, 꽃 속에서

8 고정관념 깨뜨리기

넥타라는 달달한 물들이 흘러나오면 벌새들이 바쁘게 오갈 것이다. 남부 캘리포니아에 있으면서 다양한 벌새를 볼 수 있는 것은 큰 축복이다. 공중에 멈춰 꽃 속을 왔다 갔다 하는 벌새를 보면 작은 UFO나 드론을 보는 것 같은 착각이 든다. 우리는 많은 고정관념 속에 살고 있다! 여기서는 우리가 사로잡혀 있는 고정관념을 깨뜨리는 엄청난 실험들을 소개하고자 한다.

당연하다고 생각하는 것을 의심하기

고정관념은 스스로 당연하게 생각하는 것을 뜻한다. 과학을 처음 시작하는 학생들은 고정관념 때문에 고생하는 경우가 많다.

식물 병원성 미생물을 배양해서 식물에게 찔러주는 행위를 '병을 접종한다'라고 부른다. 병의 진전을 살펴보는 실험을 할 때 병원균의 농도별로 식물 잎에 뿌리거나 물에 타서 뿌리에 부으면 병원균의 특성에 따라 잎에 점박이 같은 병이 나거나 뿌리가 썩는 병이 생긴다. 보통 기계적으로 실험 방법을 따라가다 보면 병이 나는 것을 그저 당연한 일로 치부하게 된다. 어떻게 보면 너무나 당연한 결과고 의심할 여지가 없다. 하지만 여기에 치명적인 함정이 있다. 이처럼 당연시하는 태도 위에서는 어떤 과학 발전도 기대할 수 없다는 것이다. 과학자라면 너무나 당연한 것을 늘 의심해보아야 한다.

처음 질문으로 돌아가서, 병원균을 식물에 뿌리거나 부으면 병이 나는 현상에서는 무엇을 보아야 할까? 자주 이야기하지만, 미생물이 식물의 병을 일으키는 현상은 당연히 일어나는 일이 아니다. 과학을 처음 시작하는 학생이라면 이 부분을 상상하며 병이 생기는 과정을 신기하게 생각할 수 있어야 한다. 사실 그러기가 쉽지는 않다. 하지만 모든 것을 천천히 자세히 관찰하고, 당연시해온 것을 마음과 머릿속에서 지우는 작업을 쉼 없이 해야 한다.

병에 대한 고정관념

미생물이 일으키는 병을 연구하는 미생물 병리학자들의 주요 고정관념은 무엇일까? 이 질문을 할 수 있었던 것은 내가 근무하는 연구원으로부터 받은 연구비 때문이었다. 연구소 생활을 시작하고 몇 년 후 운 좋게 선배 연구자가 대학으로 이직하면서 연구비를 남기고 갔다. 많은 분과 의논한 끝에 이 연구비는 아무도 시도하지 않은 (전혀 새로운) 연구 주제에 사용해보자는 의견이 모였다. 그래서 지금까지 아무도 시도하지 않았던 것을 해보기로 했다. 연구자라면 한 번쯤 상상해본다. '누군가가 내게 충분한 연구비를 줘서 지구 상에 없었던 아이디어를 실험할 수 있다면 어떻게 할 것인가?'

우리는 아주 근본적인 질문을, 그리고 너무나 당연하게 생각해서 놓친 질문들을 찾기 시작했다. 이런 난상토론을 브레인스토밍이라고 하는데, 과학자들은 연구비를 신청하기 위해 계획서를 작성할 때 가장 많이 한다. 여기서 중요한 원칙은 머리에 떠오르는 것을 거침없이 이야기하는 것이다. 보통 사람들, 특히 과학자들은 이야기를 하기 전에 자기의 경험을 반추해서 생각을 거르는 버릇이 있다. 그래서 간단하게 만들면 아주 좋은 아이디어가 고정관념에 막혀 밖으로 나오지 못할 때가 많다.

병원 미생물학자들의 오래된 고정관념 중 하나는 생명체 사이의 장벽kingdom barrier에 관한 생각이다. 동물계의 병은 식물계에, 식물계의 병은 동물계에 병을 일으킬 수 없다는 이론이다. 발병을 막는 보이지 않는 큰 방해물이 존재하기 때문이라는 것이다. 미생물학자들은 이 개념을 의심의 여지 없이 100년 이상 받아들이고 있었다. 이것을 의심해본 과학자는 거의 없었다. 그래서 우리는 이것을 고정관념이라고 생각하고 새로운 아이디어를 정립해보기로 했다. 자료를 조사해보니 동물 병원균을 식물에 접종하여 병을 유발한 과학자가 있었다. 하지만 반대로 식물 병원균을 동물에 접종하여 병을 냈다는 논문을 발견할 수는 없었다.

레드오션 중에서 조그만 블루오션을 찾은 셈이었다. 좀 더 아이디어를 발전시켜보기로 했다. 제일 중요한 걸림돌은 '과연 누가 이 일을 할 것인가?'였다. 연구원의 장점은 연구 분야가 다양한 과학자들이 가까운 거리에서 실험실을 운영하고 있다는 것이다. 하지만 식물병 연구자가 동물 면역이나 동물병을 전공한 사람과 같이 이야기하거나 머리를 맞대어 아이디어를 만들 일은 거의 없다. 식물병을 동물에 접종해서 어떤 일이 벌어지는지 보자는 아이디어를 이해하고 실험해볼 동물 전공 과학자가 있을까? 연구원에서 동물 면역을 오랫동안 연구한 박영준 박사님이 바로 그런 분이었다. 고정관념에 얽매이지 않고 새로운 아이디어에 대한 두려움 없이 한번 해보는 실험에 거리낌이 없는 과학자다. 지금은 벤처기업을 운영하며 창의적인 실험을 계속하고 있다.

미친 생각 실험하기-
식물의 병을 동물에게 접종하기

마침 박영준 박사님 실험실에서 박사과정을 시작한 윤성진 학생이 이 과제를 맡았다. 제일 먼저 토마토잎에 반점병을 일으키는 슈도모나스 시린지 토마토*Pseudomonas syringae* pv. tomato와 담뱃잎에 들불병을 일으키는 슈도모나스 시린지 타바시*Pseudomonas syringae* pv. tabaci를 생쥐의 복강(배 속)에 주입하는 실험을 했다. 보통 인체 병원균을 주입하면 생쥐가 시름시름 앓다가 며칠 지나면 회복하지만, 생쥐의 복강에 들어간 식물 세균은 빠르게 혈액 속으로 이동하여 패혈증을 일으켰다. 실험 다음 날 생쥐 케이지를 본 윤성진 학생이 내 방으로 달려왔다. 슈도모나스 시린지 토마토를 접종한 쥐들이 24시간 만에 모두 죽어버렸다. 지금까지 생쥐에 병을 접종하기를 계속했던 박영준 박사님도 이런 일은 처음이라 놀라워했던 표정이 눈에 선하다. 왜냐하면 식물에 병을 일으키는 세균은 절대 동물에 병을 일으키지 않는다는 것이 일반적 상식이었기 때문이다. 앞서 이야기한 생명체 사이의 장벽 때문이라는 것이었다.

생쥐의 복강에 병원균을 접종하면 곧바로 배 속에 있는 모세혈관을 통해 전신 혈관으로 이동한다는 사실은 이미 잘 알려져 있다. 일반적으로 동물의 몸속에 세균이 들어오면 제일 먼저 동물세포의 대식세포들이 세균을 순식간에 잡아먹어서 깨끗하게 정리한다. 그런데 슈도모나스 시린지를 생쥐의 혈액과 주요 장기에 접종한 후 얼마나 존재하는지 확인해보니 생각보다 많았다. 과연 이들은 어떻게 혈액 속에서 죽지 않고 살아서 다양한 장기에 정착할 수 있었을까? 보통 때와는 달리 슈도모나스 시린지의 경우에는 대식세포가 제대로 일하지 않아서 세균을 막지 못했을 것이라는 가설을 세우고 실험을 했다.

대식세포, 얼음!

여기서 대식세포의 식균작용(세균을 포함한 미생물을 먹는 작용)을 이해할 필요가 있다. (앞서 메치니코프에게 노벨상을 안겨준 '대식세포'를 기억하는지?) 대식세포는 세균이 가지고 있는 다양한 외부 단백질과 물질을 감지해서 세균을 인식한다. 외부에 적군이 있다고 판단되면 아메바처럼 세균을 감싸고 자기 안으로 넣는다. 대식세포 안에는 세균을 죽일 수 있는 다양한 독성 물질 칵테일이 들어 있는 방이 있는데, 이 방으로 세균을 집어넣어 죽인다. 세균이 죽으면 대식세포는 여기서 나온 물질을 먹는다. 섬찟하게 들리지만 우리 몸에'게는' 정말 고마운 일이다. 대식세포가 없다면 우리는 외부 미생물을 막지 못해서 몇 시간도 살기 힘들 것이다. 영화 〈스파이더맨〉에 등장하는 빌런 중 '베놈'을 떠올리면 쉽게 이해될 것이다. 베놈같이 흐물흐물하게 세균을 감싸서 안쪽으로 밀어 넣는다. 베놈같이 검은색은 아니다. 하지만 베놈같이 빨리 상대방을 감싸며 친구가 되지 않고 죽인다.

대식세포의 식균작용에서 가장 중요한 것은 세균을 인식한 후 세균을 감싸는 작용이 필요하다는 것이다. 이때 스스로를 컵 모양으로 만들고 세균을 쏙 집어넣는 작용macrophage cup-formation을 한다. 대식세포 속에서 액틴actin이라는 단백질이 순식간에 만들어지고 풀어져서 컵 모양을 만든다고 알려져 있다.

그렇다면 세균은 어떻게 대식세포의 컵을 피하면서 혈액 속을 여행해 장기에 도달했을까? 이제 슈도모나스 시린지의 활동에 대해 알아보자. 토마토잎의 기공을 통해서 조직으로 들어간 슈도모나스 시린지는 더 안쪽으로 들어갈 것이다. 하지만 식물세포는 외부에 뭔가가 있다는 것을 알아차린 후 세균을 죽이기 위해서 다양한 저항성 반응을 시작한다. 세포벽을 두텁게 하거나 독성 물질로 가득 찬 폭탄을 만들어 세균에게 던지는 등의 반응들이 그것이다. 하지만 세균은 이를 무력화할 무기를 개발한다. 세균은 석유 시추선이 긴 관을 대륙붕에 꽂아 바위를 뚫듯이 제3분비 체계type III secretion system라는 긴 관을 식물의 세포질과 연결한다. 세균은 이렇게 연결한 관으로 단백질을 분비하는데, 세균이 만든 이 단백질은 식물이 세균을 죽이려고 하는 일련의 조치들을 가로막는다. 현재까지 알려진 분

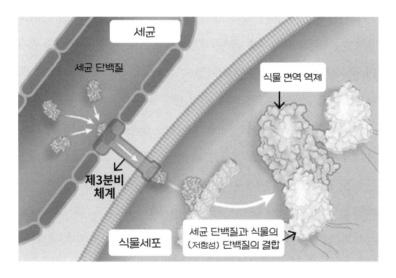

세균이 만든 단백질은 빨대 같은 관(제3분비 체계)을 통해 식물세포 속으로 전달되어
식물세포질의 단백질과 결합한 후 식물 면역을 억제한다.
식물의 면역이 억제된 틈을 타서 세균은 식물에서 증식할 수 있다.

비 체계는 11가지라고 한다. 모양과 크기, 기능에 따라 분류한 것이다. 제3분비 체계는 총 같고, 세균이 만든 단백질은 총알 같다고 할 수 있다.

단백질과 단백질의 싸움에서 승리하기

슈도모나스 시린지에는 30~50종류 정도의 단백질이 있다고 알려져 있다. 그렇다면 이 세균은 30가지의 서로 다른 방법으로 식물병 저항성을 막은 역사를 저장하고 있는 셈이다. 세균은 얼마나 오랫동안 식물의 저항성을 극복하기 위해서 새로운 단백질을 유전자에 축적해왔을까? 다시 생쥐 실험으로 돌아가자. 우리는 식물의 저항성 반응을 막은 슈도모나스 시린지의 30개 정도의 단백질 중 대식세포의 활동을 방해하는 단백질이 있는지 실험해보기로 했다. 슈도모나스 시린지에는 총과 같은 제3분비 체계가 있고, 총알에 해당하는 단백질이 존재한다. 슈도모나스 시린지 DNA에 있는 30개의 단백질을 돌연변이시켜 제 역할을 못하게 한 후 하나씩 다시 넣으면서 조사하기로 했다. 하지만 여기에 문제가 있다. 우리가 알지 못하는 단백질이 있을 수도 있기 때문이다. 우리는 30개로 알고 있지만 실제로는 60개, 80개일 수 있는 것이다.

이를 해결하기 위해서 비슷하지만 제3분비 체계가 전혀 없는 세균인 슈도모나스 플루오레센스*Pseudomonas fluorescens*에 슈도모나스 시린지의 제3분비 체계를 만드는 전체 DNA를 새롭게 넣어주었다. 이런 방식으로 30개의 단백질 유전자를 하나씩 넣어준 세균을 제작할 수 있었다. 이 모든 것을 우리가 한 것은 아니고, 미국 오리건대학교의 제프 창Jeff Chang이라는 과학자가 이 실험을 위해 자신이 만든 것을 무료로 제공해주었다. 우리는 30개의 단백질이 하나씩 들어간 세균과 대식세포를 같이 배양한 후 대식세포의 식균작용을 조사했고, 드디어 홉큐1HopQ1이라는 이상한 이름의 단백질 하나만 넣어준 슈도모나스 플루오레센스에서 완전하게 식균작용이 억제되는 현상을 관찰할 수 있었다.

다음 질문으로 넘어갈 차례다. '홉큐1이 대식세포 속에서 어떤 단백질과 상호작용을 하기에 컵 형성 작용이 억제되는가?' 단백질이 상호작용하기 위해서는 각각의 단백질이 열쇠와 자물쇠처럼 정확하게 맞아떨어지는 크기와 모양으로 만들어져야 한다. 액틴과 컵 형성과 관련된 다양한 단백질이 이미 알려져 있어서 홉큐1과 직접적으로 붙는지를 확인하면 됐다. 시간이 꽤 걸렸지만 액틴 조절에 관련된 단백질인 림케이LIMK 단백질을 찾을 수 있었다. 홉큐1과 림케이 단백질의 결합은 상당히 단단해서 우리를 어리둥절하게 했다. 어떻게 한 번도 만나보지 않았던 토마토 병원균의 단백질이 생쥐의 대식세포 속 단백질과 결합할 수 있을까?

정리하면 이렇다. 생쥐 배 속에 들어간 슈도모나스 시린지는 혈액 속 정찰병인 대식세포를 만나면 재빠르게 단백질 하나를 대식세포에 집어넣는다. 이 단백질은 대식세포의 식균작용에 중요한 컵 형성을 막는 등 대식세포의 운동성을 억제하여 더 이상 세균을 먹지 못하게 한다. 이후 슈도모나스 시린지는 증식하고 이동하여 여러 장기에 도착하고 패혈증을 일으킨다. 식물 병원균은 동물에 병을 일으킬 수 없다는 고정관념이 산산이 깨지는 순간이다.

하지만 여기서 또다른 질문을 할 수 있다. 우리가 병든 과일을 먹으면 병에 걸려 위험해질 수 있을까? 크게 걱정할 필요는 없다. 왜냐하면 우리의 실험 모델은 주사기를 통해 복강으로 직접 들어갔기 때문이다. 추가 실험에서 생쥐의 입으로 들어간 슈도모나스 시린지는 전혀 병을 일으키지 못했다. 우리가 병든 과일을 먹더라도 병이 나거나 패혈증에 걸릴 위험은 없으니 걱정하지 말기 바란다(그렇다고 굳이 병든 과일만 먹지는 않을 것으로 믿는다. 과학은 극단적으로 말하는 것을 좋아하지 않는다).

아무도 하지 않은 실험을 논문으로 발표할 때의 어려움

실험 결과를 논문으로 작성하고 누구나 알 만한 저널에 투고했으나 여러 번 거절당했다. 실험을 진행해온 윤성진 학생은 실망하지 않고 계속 투고했지만 안타깝게도 거절하는 내용의 이메일을 계속해서 받아야 했다. 그 사이에 윤성진 학생은 박사 학위를 받고 연구원의 정식 구성원이 되었다. 사실 지금부터 고정관념이 얼마나 과학 발전을 가로막는지를 말하고 싶어서 이 이야기를 시작했다. 윤성진 박사와 우리는 총 20번의 거절과 2년이 넘게 다른 과학자들의 고정관념과 싸워야 했다. 한 번도 보지 못했던 결과를 과학자들은 믿으려 하지 않았고, 다양한 증거를 요구했다. 가장 많은 질문은 '왜 이런 일이 일어나는지 지금까지 몰랐는가?'였다. "아무도 이런 관점에서 보지 않았기 때문이다"라고 수없이 이야기했지만 공허한 메아리였다.

우리는 2018년이 되어서야 실험 결과를 《환경미생물학회지 Environmental Microbiology》에 발표하며 출간할 수 있었다. 실험을 시작한 지 8년 정도 지난 시기였다. 2020년에는 우리가 얻은 결과를 좀 더 확대 발전시켜 기존 임상 학회지에 발표된 인간 병징에서 발견된 식물 병원균을 정리한 리뷰도 작성했다. 일부러 제목을 '킹덤(계)의 경계를 넘어서: 인간 병을 일으키는 식물 병원균Crossing the kingdom border: Human diseases caused by plant pathogens'으로 도발적으로 붙였다. 2025년 3월 현재까지 71회 인용된 것을 보면 우리의 노력이 헛되지는 않은 것 같다.

박영준 박사는 슈도모나스 시린지의 홉큐 단백질이 대식세포의 움직임을 둔화시킨다는 점에 착안하고 암세포의 전이를 막는 데 이용하여 얻은 전혀 새로운 결과를 논문으로 발표했다. 지금은 홉큐가 암세포가 폐로 전이되는 것을 상당히 막아주는 현상을 관찰하고 이 것을 의료 현장에 적용하기 위해 노력하고 있다.

우리는 고정관념이라는 틀 속에 살기에, 어쩌면 더 중요하고 더 신기한 세상을 접할 수 없는지도 모른다. 고정관념이라는 색안경을 조금만 내려놓고 편견과 당연시하는 인식을 배제하며 세상과 사람을 바라보면 어쩌면 세상은 좀 더 살기 좋은 곳이 될지 모른다. 여러분이 너무나 당연하게 생각하는 것을 한 번쯤은 의심해보시길…. 전혀 새로운 세상의 문이 열릴지도 모른다.

108번뇌와 항생제

새로운 항생물질
칵테일 찾기

'108번뇌'라는 말을 들어보신 적이 있는지? 불교에서는 인간이 살아가면서 맞이하는 어려움을 108가지로 정리하여 108번뇌라고 부른다. 염주의 개수를 108개로 만들어 돌리면 이 번뇌를 끊어버릴 수 있다고 믿어서 스님이나 불교도들이 염주를 계속 돌린다. 불교에 대해 이야기하려는 것은 아니고, 우리 실험실에서 108번이라고 이름 붙인 화학물질에 관한 이야기를 하려고 한다.

코로나19 팬데믹 당시 코로나19 바이러스에 감염된 환자 중 일부가 급속한 면역반응인 사이토카인 스톰 등이 나타났는데, 이 현상을 예방하기 위하여 의사들이 면역억제제를 많이 처방했다. 면역억제제를 처방하면 인간의 면역이 억제되므로 병원균에 취약해진다. 그러다 보니 항생제를 과다하게 사용했다. 실제로 팬데믹 동안 항생제가 꼭 필요한 경우는 7퍼센트 정도였는데, 의사들이 그 10배인 70퍼센트 이상의 경우에서 감염에 대비하기 위해 항생제를 처방했다는 조사 결과가 보고되었다. 이렇게 되면 어떤 일이 일어날까? 하나씩 알아보자.

항생제 개발, 끝없는 윤회의 시작

항생제의 역사는 영국 미생물학자 알렉산더 플레밍이 페니실리움 노타툼*Penicillium notatum* 곰팡이 오염이 포도상구균을 죽이는 현상을 우연히 발견한 것에서 시작되었다는 사실을 대부분 알고 있다. 이 곰팡이에서 페니실린 물질을 추출하여 병원성 세균을 극복한 것이 항생제의 시초이다. 세균은 인간의 피부에 해당하는 세포막과 인간에게는 없는 세포벽을 가지고 있는데, 페니실린은 이 벽을 허물어서 세균을 죽게 한다. 플레밍은 이 공로로 1945년 노벨생리학·의학상을 받았다. 그의 발견은 판도라의 상자를 연 사건이었다. 플레밍은 노벨상 수상 연설에서 인류가 가지게 된 이 엄청난 은색 탄환silver bullet에 대한 찬양 대신 무서운 경고의 메시지를 보냈다. 항생제를 이겨낸 세균이 생겨나고, 인류는 세균과의 싸움에서 다시 시작점에 서게 될 것이라는 내용이었다.

항생제에 관한 문제들

슈퍼박테리아가 왜 문제인지 조금 더 살펴보자. 사실 항생제 내성균으로 인한 피해 중 사망자는 국내에서 제대로 조사된 바가 없다. 하지만 미국과 유럽에서는 그 심각성을 인식하여 지속적으로 조사하고 있다. 항생제 내성균 때문에 미국에서는 매년 2만 3,000명이상, 유럽연합에서는 매년 2만 4,000명이 사망하고 있으며, 2050년에는 매년 전 세계적으로 암에 의한 사망자(820만 명)보다 많은 약 1,000만 명의 사망자가 발생할 것으로 예측된다. 항생제를 처음 개발한 영국은 이 문제를 해결하기 위해 2014년 슈퍼박테리아를 해결하는 개인이나 단체에 100만 유로의 막대한 상금을 주겠다고 발표했다. 이 상의 이름은 '경도상經度賞, Longitude Prize'으로 정해졌다. 경도상은 위도에 대한 개념만 있던 옛 시절에 선박들이 위치를 제대로 잡지 못해 침몰하는 일이 발생하자 영국 정부가 이 문제를 해결하는 사람에게 막대한 상금을 주겠다고 내걸었던 일화에서 기인한다. 이에 존 해리슨이 정확한 시계를 개발하여 위치 찾는 방법을 고안했고, 이것이 경도의 원리가 되었다. 미국감염학회ISDA는 슈퍼박테리아를 이기는 열 개의 신규 항생제를 2020년까지 개발하자는 '10×20 프로그램'을 내걸고 산업계와 학계, 연구 분야에 개발을 독려했으나 결국 실패했다.

우리나라는 어떤가? 대한민국은 OECD 국가 중 프랑스와 함께 항생제를 가장 많이 사용하는 국가이며, 현존하는 항생제에 모두 내성을 지닌 슈퍼박테리아가 출현하여 심각한 문제를 맞이하고 있다. 현재 사용 중인 항생제의 대부분은 이미 슈퍼박테리아의 출현 때문에 사용하기 힘든 실정이다. 그래서 이전에 사용이 중지된 항생제를 다시 사용하는 방법을 모색하는 중이지만 뚜렷한 해결책을 찾기 힘든 것이 현실이다. 특히 우리나라는 어린이에 대한 항생제 투여가 OECD 국가 중 튀르키예 다음으로 많다. 이는 어른이 되었을 때 슈퍼박테리아에 노출되기 쉬운 문제를 야기한다.

세균의 아킬레스건 찾기

이제 항생제가 어떻게 세균을 죽이는지 알아보자. 세균도 생명체다. 크기가 1밀리미터의 1,000분의 1인 1마이크로미터밖에 되지 않을 정도로 작고, 눈도 코도 없이 꼬리에 있는 작은 채찍 모양의 편모로만 움직일 수 있는 미물이 어떻게 인간이 만든 의학 최고의 발명품(발견품이 맞는 말일 것이다)인 항생제를 이겨내는지 신비롭기까지 하다.

적과의 싸움에서 이기려면 《손자병법》의 말처럼 먼저 적을 알아야 한다. 그리고 나 자신에 관해서도 알아야 한다. 세균도 생명체이기 때문에 DNA-RNA-단백질을 만들어서 생명현상을 유지한다.

중심원리라고 부르는 이 원리는 모든 생명체의 아킬레스건과도 같이 중요하다. 세균을 가장 손쉽게 죽이기 위해서는 이 중심원리를 방해하면 된다. 여기서 꼭 고려해야 할 사항이 있다. 항생제를 먹는 인간도 중심원리의 영향권 안에 있기 때문에 이 중심원리를 막는 단백질을 못쓰게 하는 약물을 개발한다면 세균에만 있고 인간에게는 없는 단백질을 골라야 한다는 점이다. 그래야 세균 죽이려다가 사람도 죽게 되는 사태를 피할 수 있다.

폴리믹신 항생제의 역사

1947년 미국의 R. G. 베네딕트R. G. Benedict와 A. 란글리케A. Langlykke라는 두 과학자가 파에니바실러스 폴리믹사*Paenibacillus polymyxa*라는 토양세균이 다른 세균을 죽이는 능력이 있다는 연구 결과를 발표했다. 같은 해에 아메리칸 시안아미드사American Cyanamid Company는 다른 세균을 죽이는 폴리믹사의 그 물질이 폴리믹신 B Polymyxin B라고 발표했다. 이후 1950년대와 1960년대를 거치면서 폴리믹신이 그람음성균에 탁월한 효과가 있다는 사실이 알려지고, 새로운 항생제로 개발하려는 노력들이 진행되었다. 세균들은 세포벽 구성이 서로 달라서 염색 결과가 달라지기 때문에 크게 두 종류로 나눌 수 있다고 앞에서 설명했다. 세포벽이 두꺼워서 염색 시약이

남는 것은 그람양성 세균이고, 세포벽이 얇은 것은 그람음성 세균이다.

폴리믹신은 콜리스틴(폴리믹신 E의 일반명)이라는 이름으로 상품화가 진행되었지만 뜻밖의 어려움을 만나게 된다. 동물과 인간에게 독성을 보인 것이다. 약효가 있는 농도를 사람에게 적용해보니 세균은 깔끔하게 죽이지만 사람 뇌와 신장에서 독성이 발견되었다. 폴리믹신은 세균의 세포막에 구멍을 뚫어서 세균을 죽이는데, 인간의 뇌와 신장의 세포막이 폴리믹신이 공격하는 세포막의 구조와 유사해서 이런 일이 일어나는 것이다. 이러한 어려움 때문에 다른 항생제도 많은데 굳이 다루기 힘든 물질을 항생제로 개발하려는 바보 회사는 없었다. 그래서 폴리믹신은 한동안 누구의 관심도 받지 못하고 항생제 개발 회사의 서랍 속에서 조용히 잠자고 있었다.

잠자는 숲속의 항생제 깨우기

21세기에 접어들면서 인간은 슈퍼박테리아라는 새로운 빌런의 공격에 맥을 추지 못했다. 그래서 얼음 속에서 잠자는 캡틴 아메리카를 깨웠듯이 오랫동안 잠자고 있던 폴리믹신을 깨워서, 어렵지만 슈퍼박테리아를 잡기 위한 은색 탄환으로 사용하고자 하였다. 하지만 폴리믹신의 문제점은 그대로인데 단지 슈퍼박테리아를 잡을 수 있다고 해서 무턱대고 사용할 수는 없었다. 그래서 선택한 방법이 폴리믹신의 농도를 낮추는 것이었다. 우리가 사용하는 많은 약이 농도가 높으면 인간에게 해를 준다는 사실은 널리 알려져 있다. 한약도 그동안의 경험을 통하여 적당한 농도를 맞췄기 때문에 효과를 보이는 것이다. 많은 연구에서 폴리믹신을 4분의 1로 희석하면 신장 독성이 없어진다는 것이 알려졌다.

나와 폴리믹신은 각별한 인연이 있다. 나는 석사과정 중에 식물의 병을 막고 수확량을 늘리기 위해서 밀과 보리 종자에 섞어주는 토양세균을 선발하기 위해 겨울과 초봄에 남부 지방을 돌아다녔다. 보리와 밀을 채집하고 뿌리에서 분리한 세균 중에서 원하는 효과를 보이는 세균으로 최종 선발한 것이 바로 파에니바실러스 폴리믹사 E681이었다. 이후 내가 미국으로 유학을 떠난 사이 내가 지금 근무하는 한국생명공학연구원의 박승환 박사님 연구실에서 이 균주의 DNA를 분석했다. 이를 통하여 세계에서 처음으로 폴리믹신을 만드는 유전자가 발견되고 pmx라는 이름이 붙었다. 나중에 나는 박승환 박사님의 퇴직 기념으로 그때까지 한 일을 정리하여 리뷰 논문을 발표했다. 이후 다양한 분자유전학적 방법을 동원하여 지구 상에 존재하지 않았던 새로운 폴리믹신 종류를 만들어보려고 시도했다. 결국은 실패로 돌아갔지만, 그 과정의 시행착오는 다른 일들을 하는 데 큰 밑거름이 되었다.

폴리믹신 첨가제 108번 화합물

그 다른 일 중 하나가 폴리믹신 첨가제 개발이다. 폴리믹신의 농도를 4분의 1 이하로 낮추면 독성으로부터 해방된다니 좋은 일이다. 하지만 한 가지 문제가 있었다. 농도를 낮추면 슈퍼박테리아를 죽이는 효과가 사라진다는 것이다. 어쩌면 당연한 일이지만 이러면 폴리믹신을 사용하는 의미가 없어진다. 그래서 우리는 농도가 낮은 폴리믹신에 넣어서 효과를 높일 수 있는 물질을 찾아보기로 했다. 이 물질을 첨가제adjuvant라고 한다. 항암제나 백신에도 비슷한 개념이 있다. 첨가제를 추가하는 이유는 기존 약물의 단점을 극복하거나 효능을 극대화하기 위해서이다. 팬데믹 시기에 우리가 맞았던 코로나 백신에도 첨가제가 들어갔는데, 대부분 백신의 효능을 높이기 위해 사용된다. 첨가제를 찾으려고 우리가 처음으로 이용한 것은 다양한 항생물질 생산 균주로 알려진 방선균이었다. 다행히 네트롭신이라는 물질을 찾았고, 이 물질을 첨가하면 폴리믹신을 8분의 1로 희석해도 효과가 그대로 유지되는 결과를 얻었다. 이때 생쥐 대신 꿀벌부채명나방을 이용하여 훗날 플라스틱을 분해하는 효소까지 찾았다. 하지만 네트롭신은 화학적으로 합성하지 못하기 때문에 신약으로 개발하기에는 한계가 있었다. 인공적으로 합성하기에는 이 물질이 너무 크고 복잡하기 때문이다. 천연물은 대부분 이런 문제가 있다.

그래서 합성이 손쉬운 저분자 물질 6,423개를 한국화학연구원의 화합물은행으로부터 분양받아(당시에는 무료로 받을 수 있었다. 하지만 지금은 약간의 재료비를 내야 한다) 폴리믹신과 하나씩 섞어서 세균을 얼마나 잘 죽일 수 있는지를 확인했다. 지금은 인천대학교 교수님이 된 김준섭 박사님이 이 일을 진행했다. 많은 시간과 노력을 거쳐 최종적으로 선발한 약물은 폴리믹신의 농도를 10분의 1로 낮추어도

1 폴리믹신 항생제에 내성이 있는 아시네토박터 바우마니를 준비한다.

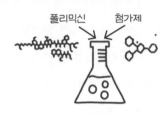

폴리믹신   첨가제

2 세균을 배양액에서 키우면서 폴리믹신과 첨가제를 섞어준다(이때 폴리믹신은 세균을 죽이지 못하는 4분의 1 이하의 농도로 사용한다).

3 폴리믹신의 농도가 세균을 죽일 정도가 아니기에 세균이 자라는데, 특별한 첨가제가 들어간 곳은 세균이 자라지 못한다.

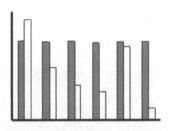

4 폴리믹신만 처리한 처리구와 비교하여 잘 자라는 물질을 수치화한다.

적당한 첨가제를 찾아내는 과정

효과를 유지했기 때문에 많은 기대를 받았다. 우리는 특허를 냈고 2023년에 논문으로 발표했다. 물질의 이름도 정해야 했다. 확인 과정을 직접 진행했던 김선영 학생이 효과적인 약물의 순서대로 번호를 붙였는데, 이 약물은 108번째였다. 그래서 우리는 그냥 '108번'으로 불렀다. 공교롭게도 불교에서 말하는 108번뇌와 연결되었기 때문에, 확인과 실험으로 힘들어하는 김선영 학생에게 물질이 108번이라서 그렇게 힘들다고 가끔씩 놀리기도 했다. 김선영 학생은 지금은 좋은 회사 연구원으로 취직하여 연구에 매진하고 있다.

그럼 108번은 어떻게 폴리믹신을 도와서 슈퍼박테리아를 죽였을까? 농도를 희석해서 효과가 없어진 폴리믹신과 108번을 각각 세균이 자라는 용액에 넣어주면 세균은 아무런 영향을 받지 않는다. 하지만 이 둘을 함께 넣어주면 세균은 한 시간 후부터 죽기 시작해서 다섯 시간이 지나면 1만 개 이상이 죽어버린다. 더 특이한 점은 108번 물질을 다른 항생제와 섞어주었을 때에는 아무런 효과를 보이지 않는다는 것이다. 오직 폴리믹신과 섞어주었을 때만 세균을 죽였다. 궁합이 정말 잘 맞는 모양이었다. 우리가 처음 실험에 사용한 슈퍼박테리아는 아시네토박터 바우마니*Acinetobacter baumannii*였는데, 추가로 녹농균과 폐렴균에 시험해본 결과 이들 슈퍼박테리아에도 효과가 있었다. 이후 108번 화합물 자체가 인체 세포에 영향을 주는지를 확인하기 위해 인간 신장 세포를 키워서 108번 화합물을 푼 액체에 넣어주었는데 신장 세포에는 아무 문제가 없었다. 물론 폴리믹

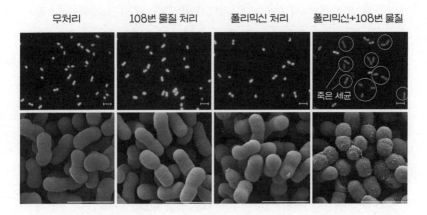

죽은 세균

폴리믹신과 108번 물질을 세균에 처리한 후 세균을 촬영한 전자현미경 사진. 두 가지 물질을 처리한 네 번째 사진은 대부분 형태가 무너지고 죽은 세균이 관찰되었다.

신과 108번을 섞어준 액체에 넣었을 때도 아무 영향이 관찰되지 않았다.

　이제 동물실험으로 넘어갈 시간이었다. 우리는 생쥐를 이용해서 실험을 했다. 세브란스병원이 인체에서 분리하여 10년 넘게 보관한 100개의 아시네토박터 세균 중 가장 센 놈을 골라내기 위해 꿀벌부채명나방을 이용하여 오랜 기간 확인하고 선정했다. 우리는 이놈을 아시네토박터 4번으로 불렀다. 공교롭게 일련번호 중 4번이 선정되었는데, 동양에서는 좋아하지 않는 숫자와도 일치했다. 그런대로 나쁘지 않은 우연의 일치였던 듯했다. 이 4번을 생쥐의 배에 찔러 넣으면 48시간이 되기 전에 모두 죽게 된다. 생쥐들이 너무 불쌍하지만 인류의 건강을 위해서 어쩔 수 없는 일이다(하지만 실험할 때마다 늘 마음이 아프다). 동물실험을 위해서는 국가의 엄격한 프로토콜을 따라야 한다. 아시네토박터 4번을 배 속에 접종한 다음 폴리믹신과 108번을 섞어서 같은 곳에 접종한 생쥐는 한 마리도 죽지 않고 견뎌냈다. 우리의 목적을 이룬 것이다. 생쥐의 혈액과 여러 장기에서도 훨씬 적은 아시네토박터 세균이 발견되었다. 실제로 폴리믹신과 108번 혼합물이 동물 체내에서 효과를 발휘한다는 사실을 보여준 결과였다.

폴리믹신은 108번을 어떻게 도울까

그러면 108번 화합물은 폴리믹신을 어떻게 도와주길래 이런 효과를 나타내는 것일까? 우리는 최신 분자생물학적 기술을 동원하여 두 물질의 혼합물을 세균이 자라는 액체에 넣어주고 세균이 어떻게 반응하는지 관찰했다. 원래 108번은 세균의 세포 속으로 들어가기 힘들지만, 낮은 농도의 폴리믹신이 세포 외막을 느슨하게 만들면 108번도 쉽게 세균 속으로 들어갈 수 있는 것 같다는 결론에 도달했다. 108번이 세균 속으로 들어가게 문을 열어주는 것이다. 세균 속으로 들어간 108번은 세균의 생장에 필요한 효소를 억제하는 듯하다. 정확하게 어떤 단백질과 결합하는지는 아직 밝히지 못했다.

다음 단계에서는 108번과 정확하게 결합하는 단백질(분자 타깃)

108번 화합물의 화학구조

을 찾은 후 다시 이 단백질을 억제하는 더 좋은 물질을 찾는 과정을 거쳐야 한다. 그러면 108번 화합물보다 훨씬 효과가 좋은 물질을 찾을 수 있을 것이다. 하지만 여기서부터는 화학자들의 도움이 필요하다. 화학구조를 하나씩 만들어 그 단백질의 어느 부위에 정확히 결합해야 세균을 효과적으로 죽일 수 있는지를 실험해야 하기 때문이다. 마치 자물쇠의 열쇠가 없을 때 자물쇠에 맞을 법한 열쇠를 여러 개 만들고 하나씩 맞추면서 찾아가는 것과 비슷하다.

항생제 첨가제를 찾아서 만드는 일을 몇 년간 수행해보니 느낀 점이 많았다. 화합물을 가지고 사투를 벌이는 너무나 긴 터널을 통과해야 하고, 생물학자가 아닌 화학자와의 공동 연구도 필요하다.

9 108번뇌와 항생제

물론 관련된 새로운 정보에 대한 이해와 공부도 필요하다. 하면 할수록 쉽지 않았다.

항생제 개발의 모순 돌아보기

인간의 항생제 발견과 슈퍼박테리아의 출현은 너무나 당연한 결과다. 세균도 생물이기에 살아남기 위해 돌연변이를 통해서 자기 DNA를 변형시켜 (뼈는 없지만) 뼈를 깎는 노력을 한다. 그래서 현재는 인간과의 싸움에서 승리하는 것처럼 보인다. 세균이 완전히 승리한다면 인간은 항생제 이전의 시대로 돌아갈 수밖에 없다. 손에 난 작은 상처 때문에 죽는 사람들이 늘어갈 것이며, 여름이면 이질과 콜레라 등 수인성 전염병이 창궐하여 더운 날씨에도 항상 물을 끓여 먹어야 할지 모른다. 아이를 낳다가 사망하는 임산부는 다섯 명 중 한 명 이상이 될 것이다. 결핵균과 같이 전염성이 강한 세균들은 인간 집단 전체에 큰 위협이 될 것이다. 이 상황에서 인간은 당장 뭔가를 해야 하지만 마땅히 획기적인 방법은 보이지 않는다.

새로운 항생제를 개발하기 위해서는 엄청난 돈을 투자해야 하지만 국가가 항생제 개발을 지속적으로 지원하기는 쉽지 않다. 기업이 나서야 하는데 기업으로서도 쉽지 않은 결정이다. 독자 여러분이 거대 제약 기업의 사장이라고 가정해보자. 책상 위에는 두 가지의 보고서가 올라와 있다. 새로운 당뇨병 치료제와 항생제를 개발하겠다는 보고서다. 같은 금액이 들어가는 사업이라고 가정해보자. 당뇨병 치료제를 개발하면 당뇨병에 걸린 사람들은 평생 이 약을 먹어야 한다. 그리고 당뇨병 환자가 지속적으로 늘어난다는 보고가 있기에 그 이익은 급속도로 증가할 것으로 예상된다. 항생제는 어떨까? 사람이 세균에 감염되어 위험해진 상황에서 이 항생제를 먹으면 바로 나을 수 있다. 좋은 항생제는 세균을 박멸하므로 환자의 증상이 재발하지 않아야 한다. 약을 개발하는 입장에서 본다면 이런 세균 감염은 자주 일어나는 일이 아니다. 그래서 사용 횟수가 별로 많지 않다. 이 점을 감안하여 항생제 가격을 높여서 당뇨병 치료제의 10배 정도를 받을 수 있게 되었다고 하자. 하지만 곧 이 항생제를 이겨낸 세균이 등장하면 이 항생제는 바로 쓰레기통에 버려야 한다. 힘들여 개발했지만 사용 기간이 너무 짧아질 수 있다. 어떤 바보가 계속 돈을 벌 수 있는 당뇨병 치료제 개발을 포기할까? 어떤 바보가 사용 횟수가 짧고, 사용하더라도 그 효능을 오랫동안 이어가기 힘든 항생제를 개발할 것인가? 항생제 개발은 바둑에서 말하는 자충수가 될 가능성이 크다.

　나는 폴리믹신의 첨가제인 108번을 찾아 동물실험까지 진행하면서 슈퍼박테리아 문제가 얼마나 심각한지, 그리고 관련 항생제 개발이 얼마나 쉽지 않은지를 절감했다. 생활이 편해지고 인간 수명이 길어지면서 무질서도가 증가하여 인간은 좀 더 위험한 상황으로 치

　　　　　　　　　9 108번뇌와 항생제

닫는 것 같다. 한국은 항생제를 너무 과하게 처방하기에 슈퍼박테리아 문제가 좀 더 빠르게, 그리고 좀 더 심각하게 닥칠 것이다. 지금이라도 아이가 아파서 병원에 갔을 때 항생제를 적게 처방해달라고 말해야 한다. 축산업에 종사한다면 좀 더 빨리 체중이 늘어난다고 항생제를 가축에게 무분별하게 먹여서는 안 된다. 항생제는 화합물이기 때문에 100퍼센트 분해되지 않는다면 어딘가에 누적되어 우리에게 돌아온다. 병원이나 농장에서 버린 항생제는 강으로 흘러간다. 그 강이 상수원과 연결된다면 바로 우리가 먹게 될 것이다. 농작물에 이용하는 농수로 사용된다면 우리가 먹는 상추나 채소에 누적될 것이고, 이 물을 먹은 닭이나 돼지의 몸속에도 누적된다. 이처럼 다양한 분야의 건강을 포괄하여 접근하는 개념을 원 헬스One Health라고 부르는데, 항생제 내성 관리가 전형적인 예다.• 국민들은 국가가 원 헬스 개념을 통해 항생제 내성을 관리하는 데 집중하고, 큰 수익이 나지 않더라도 항생제를 개발하도록 요구해야 한다. 우리가 사용할 수 있는 항생제가 몇 개 남지 않았기 때문이다. 꼭 이 '원 헬스'라는 프레임으로 바라봐야 한다.

• https://www.bioin.or.kr/rsrch_Rslt.do?num=262448&cmd=view&bid=research&cPage=62&s_key=&s_str

10

균은 의외로
많은 일을 한다

플라스틱 분해
곤충 이야기

　　코로나19는 2019년 말에 중국에서 처음 시작되었기 때문에 19라는 이름이 붙었다. 2019년은 모든 사람에게 특별하겠지만 특히 나의 기억에 남는 한 해이다. 제일 먼저 나의 버킷리스트에 있었던 첫 번째 책인 《좋은 균, 나쁜 균, 이상한 균》이 1월 말에 출간되었다. 비슷한 시기에 나에게 특별한 논문이 한 편 발간되었다. 꿀벌부채명나방이라는 곤충에 대한 논문으로, 유튜브에서 관련 정보들을 많이 볼 수 있다. 여기서는 시간 제한 때문에 영상에서 할 수 없었던 이야기들을 하려고 한다.

10 균은 의외로 많은 일을 한다

조금 불편한 동물실험 모델 이야기

꿀벌부채명나방과 만나게 된 계기는 조금 오싹하다. 슈퍼박테리아를 연구하려면 결국 동물을 이용하여 병원성을 관찰해야 한다. 가령 새로운 항생제를 개발했을 때 해당 슈퍼박테리아에 감염된 동물에 이 항생제를 투여해 동물이 살아나면 효과가 있는 것이다. 그렇지 않으면 동물은 죽을 것이다. 우리 실험실은 식물을 연구하는 사람들이 절반 정도고 나머지 절반은 동물 병원균, 즉 슈퍼박테리아를 연구하고 있다. 동물을 이용하여 실험하는 연구자들의 고민 중 하나는 실험을 위해서 동물을 죽여야 한다는 것이다. 주로 생쥐를 사용하는데, 마음이 편치 않다는 학생들이 많다. 동물을 너무 많이 죽이는 것은 동물 윤리에도 맞지 않다. 인간의 복지를 위하여 다른 생명을 죽이는 것은 어떻게 이야기해도 문제가 있다. 언젠가는 어떤 생명도 해치지 않고 연구할 수 있게 되기를 바랄 뿐이다.

연구자들은 생쥐를 대신할 동물 모델을 찾지만 생쥐를 대신하려면 실험 과정이 생쥐에게 하는 것과 유사해야 하고, 더욱이 생쥐에서 얻은 실험 결과와 유사한 결과를 낼 수 있어야 한다는 중요한 기준이 있다. 그나마 곤충의 죽음이 덜 불편해서 감염 연구에 곤충을 이용하기도 한다. 그래서 개발한 것이 곤충을 이용한 동물실험 모델이다. 곤충도 동물로 분류되고 다양한 면역 시스템을 가지고 있다. 완벽하지는 않지만 생쥐의 결과를 비슷하게 재현할 수 있다는 것이 증명되면서 곤충에 대한 관심이 증가했다. 곤충 중 가장 많이 사용되는 종은 꿀벌부채명나방*Galleria mellonella*이다.

생쥐 대신 나방을 선택하는 이유

그렇다면 어떻게 생쥐를 대신할 동물 모델로 곤충인 꿀벌부채명나방의 애벌레가 선택되었을까? 제일 먼저 이야기할 요인은 실험 온도다. 인간 병원균을 대상으로 하는 실험은 인간의 체온인 섭씨 37도를 유지해야 한다. 보통의 곤충에게 37도는 생활하기에 그리 적합한 온도가 아니기 때문에 빨리 번데기가 되거나 죽는다. 하지만 꿀벌부채명나방 애벌레는 웬일인지 37도를 아주 좋아해서 생활에 전혀 문제가 되지 않는다. 아마 이 곤충이 꿀벌집에 침입해서 꿀벌이 만든 왁스를 먹으므로 꿀벌집 내부의 높은 온도에 일찍 적응했기 때문인 듯하다. 두 번째 특징은 가격이다. 생쥐로 실험하기 위해서는 특별한 시설이 필요하다. 에어샤워를 통과해 들어가서 옷을 갈아입고 장갑을 끼는 등 충분히 깨끗하게 만든 후에야 생쥐가 자라는 곳에 들어갈 수 있다. 인간에게 묻어 있던 미생물에 의해 생쥐가 죽는 것을 방지하기 위해서다. 생쥐 먹이와 바닥에 깔아주는 짚도 깨끗하게 준비해야 하고 생쥐의 집인 케이지에도 몇 마리 이상 넣으면 안 된다. 무엇보다도 실험 동물의 복지를 위해 만들어진 여러 규정에 맞게 실험을 진행해야 한다. 그렇지 않으면 어떤 결과를 발표하더라도 과학계에서 받아들여지지 않는다. 한마디로 돈이 많이 들어간다. 하지만 꿀벌부채명나방의 경우 그렇게 큰 제약이 없다. 생명을 가성비로 따지자니 불편하지만 그래도 생쥐보다는 마음의 부담은 좀 덜 수 있다. 생쥐 세 마리를 위한 적절한 공간은 가로, 세로, 높이가 45센티미터×45센티미터×25센티미터 정도인데, 열 마리의 꿀벌부채명나방 애벌레는 지름 9센티미터인 원형 샬레(페트리접시)면 충분하다. 그것도 열 개, 스무 개를 쌓아놓을 수 있다. 꿀벌부채명나방 애벌레 larvae의 크기는 2센티미터 정도이고 무게는 250밀리그램으로 충분히 작지만 그렇다고 손으로 잡을 수 없는 정도는 아니다. 주삿바늘로 정확한 부위에 인체 병원 세균을 접종할 수 있고 그 결과를 하루나 이틀 내에 볼 수 있기 때문에 편리하다. 물론 가격도 생쥐의 100분의 1 정도로 저렴하다. 이 정도면 학생들이 생쥐로 실험하는 대신 모두 이 애벌레로 실험하게 될 것 같다.

하지만 단점도 있다. 인간을 포함한 포유류는 선천면역과 후천면역●을 모두 가지고 있는데 곤충은 선천면역뿐이다. 또한 곤충은 충분한 순환계를 가지고 있지 않다. 그리고 실험할 수 있는 시기가 애벌레 단계인 2~3주밖에 되지 않기 때문에 장기적인 실험은 할 수

●병원균이 침입하면 바로 병원균을 죽이는 백혈구, 호중구 등이 선천면역에 속한다. 후천면역은 나중에 동일한 병원균에 다시 감염되는 것을 대비하는 면역으로, 항체를 만드는 백신이 대표적이다.

없다. 그래서 꿀벌부채명나방 애벌레로 실험한 결과를 다시 생쥐로 확인하는 단계를 거쳐야 한다.

실험 횟수만 늘리는 것 아닌가 생각되겠지만 결과적으로 이렇게 하는 편이 더 수월하다. 이유는 대단위 스크린 실험으로 설명할 수 있다. 지금 항생제를 개발하려 한다. 내가 가진 화학물질이 1,000개고 이 항생제로 죽이고 싶은 병원 세균이 세 가지라고 생각해보자. 그러면 벌써 3,000마리의 생쥐가 필요하다. 보통 서너마리로 반복 실험을 하기 때문에 실제로는 9,000~1만 2,000마리의 생쥐가 필요하다. 꿀벌부채명나방을 사용하면 열 마리씩 넣은 접시 120개만 있으면 되고, 이것을 열 개, 스무 개씩 쌓아두면 공간이 훨씬 줄어든다. 한마디로 생쥐로는 불가능한 실험이 이 곤충으로는 가능하다.

우리 실험실도 이런 장점을 살려서 항생제 후보 물질을 확인하는 과정에서 꿀벌부채명나방을 사용했다. 지금은 은퇴하신 김창진 박사님은 국내 토양에서 30년 넘게 방선균*Streptomycetes*을 선발하여 하나씩 이름을 붙이고 마트의 과자처럼 분류(뱅킹화)해놓았다. 방선균은 배지에서 방사형(중심에서 밖으로 퍼져 나가는 형태)으로 자라기 때문에 이런 이름이 붙었다. 배지 조건에서 다른 세균이나 곰팡이를 잘 죽이는 특징이 있다. 그래서 많은 항생제가 이 세균으로부터 분리되었다. 방선균에서 항생제를 발견한 예가 많았기 때문에, 우리는 국내 병원에서 가장 문제가 되는 아시네토박터 바우마니 세균에 대한 새로운 항생제 보조제를 개발하려는 프로젝트를 수행했다. 아시

10 균은 의외로 많은 일을 한다

네토박터를 선정한 이유는 코로나19 이전까지 병원에서 슈퍼박테리아로 사망하는 환자의 가장 많은 원인균이 이 균이었기 때문이다. 그러나 김창진 박사님이 보관하고 계셨던 방선균 추출물이 1만 개 이상이었기 때문에 생쥐로 효과적인 물질을 선발하는 것은 불가능했다. 그래서 꿀벌부채명나방을 사용하기 시작했다.

이 프로젝트는 지금 농촌진흥청에 있는 정준휘 박사가 전체 과제를 진행했다. 실험하면서 각 단계의 결과를 확인하려면 정말 힘든 과정을 거쳐야 한다. 왜냐하면 언제 우리가 찾는 그 물질을 발견할 수 있을지, 발견하더라도 그보다 더 좋은 것이 또 나올지를 아무도 장담할 수 없기 때문이다. 다행히 우리는 목표로 했던 물질을 찾아서 논문도 내고 특허도 낼 수 있었다. 하지만 이상한 일은 실험 중간에 발생했다.

벌레들의 탈출

우리는 실험을 위해 대구와 안양에 있는 곤충 회사에 꿀벌부채명나방을 주문해서 지속적으로 받았다. 보통 곤충은 온도 유지를 위해 스티로폼 박스 안의 비닐봉지에 먹이와 같이 싸여서 택배로 배달된다. 그런데 정준휘 박사가 내게 말하기를 비닐 속에 있어야 할 꿀벌부채명나방 애벌레가 스티로폼 박스 내에서 발견되기도 하고,

개봉도 안 한 박스를 책상 위에 올려두면 가끔 애벌레가 책상 위에서 발견되기도 했다. 나는 처음에는 실수로 구멍이 났을 거라고 생각하고 지나쳤다. 계속해서 이런 일이 일어나자 정준휘 박사는 어떻게 이런 일이 일어나는지 자세히 관찰했다. 이처럼 과학은 집중해서 관찰하는 것으로부터 시작된다. 자세히 알아보니 이 곤충들이 비닐봉지를 뚫고 스티로폼도 뚫고 밖으로 탈출하고 있었다. 현미경으로 보니 생각보다 강력한 턱을 가지고 있었다. 자연계에서는 벌집을 먹을 정도니 당연할 수도 있다.

이제 문헌 조사를 할 차례였다. 이전 논문을 살펴보니 꿀벌부채명나방의 애벌레가 플라스틱의 한 종류인 폴리에틸렌polyethylene을 분해한다는 보고가 있는 것이 아닌가? 폴리에틸렌은 플라스틱 종류 중에서 가장 분해하기 힘들다. 왜냐하면 탄소에 수소만 붙어 있는

꿀벌부채명나방의 애벌레

10 균은 의외로 많은 일을 한다

긴 사슬 구조로 되어 있기 때문이다. 긴 빨랫줄에 수소라는 빨래가 일정 간격으로 매달려 있고, 이 빨랫줄끼리 서로 연결된 구조라고 상상하면 된다. 자연계에는 이런 물질이 존재하지 않기에 지금까지 폴리에틸렌은 분해할 수 없다고 여겨졌다. 하지만 이 난공불락의 구조를 꿀벌부채명나방의 애벌레가 분해한다는 것을 영국 연구자들이 보고했다. 세계 최초일 거라고 기대했는데 이미 연구한 그룹이 있다는 사실에 정준휘 박사는 실망했지만, 좀 더 실험을 하기로 했다.

여기서 잠깐, 기존에 하던 항생제 실험은 어떻게 되었는지 궁금할 수도 있을 듯하다. 실험을 하다가 더 재미난 주제가 나타나면 실험실에서는 전혀 다른 그 주제를 계속할지 고민할 수밖에 없다. 왜냐하면 보통 연구비로 실험을 하는데, 새로운 주제가 나타나면 연구비 없이 진행해야 하는 부담이 생기기 때문이다. 하지만 플라스틱을 먹는 곤충에 대한 연구는 도저히 멈출 수가 없어서 남은 예산으로 일단 해보기로 했다. 이때 동아대학교에서 박사 학위를 받은 공현기 박사가 우리 실험실에 들어와서 정준휘 박사와 같이 실험을 했고, 나중에 정준휘 박사가 농촌진흥청으로 이직한 후에는 단독으로 과제를 수행했다. 그렇지만 세계 최초일 것이라고 기대했다가 이미 연구가 진행된 것을 발견하는 김빠지는 상황에서 남들이 했던 연구를 반복하는 것은 의미가 없다. 과학에서는 늘 새로운 것을 보고해야 하기 때문에 파격적인 아이디어가 필요하다. 비록 실패하더라도 말이다.

애벌레에게 칵테일을 먹여보자

나는 공현기 박사와 이야기하면서, 영국 연구팀이 발표한 논문을 여러 번 자세히 읽었다. 영국 연구팀의 결론은 꿀벌부채명나방 애벌레의 장에 있는 미생물(주로 세균)이 폴리에틸렌을 분해한다는 것이었다. 하지만 결정적으로 이 세균을 찾지는 못했다. 이후 중국 연구자들이 이 애벌레에서 세균을 찾았다고 보고했지만, 실험이 투박(?)해서 결론적으로 말하기가 곤란했다. 그래서 우리는 꿀벌부채명나방 애벌레의 장내 미생물이 폴리에틸렌 분해에 절대적인 역할을 하는지 확인하기 위해 장내 미생물을 모두 죽이고 폴리에틸렌 분해 실험을 했다.

우리는 어떤 미생물이 장내에 있는지 모르기 때문에 상상할 수 있는 모든 미생물을 죽일 수 있는 항생제를 생각했다. 그람양성 세균과 그람음성 세균, 그리고 곰팡이를 죽일 수 있는 항생제를 생각해보니 다섯 가지를 섞으면 대부분의 장내 미생물을 죽일 수 있다는 결론에 도달했다. 그러면 어떻게 다섯 가지의 항생제 칵테일을 애벌레에게 먹일 수 있을지 고민했다. 먼저 폴리에틸렌 가루를 칵테일 액체에 담갔다가 애벌레에게 주었다. 하지만 잘 먹지 않았다. 그래서 이번에는 곤충이 잘 먹는 먹이에 칵테일을 섞어서 주었더니 항생제에서 냄새가 나는지 또 잘 먹지 않았고, 먹는 양도 개체별로 일정하지 않아 실험 결과가 들쭉날쭉했다. 그래서 다시 문헌을 찾아보니

10 균은 의외로 많은 일을 한다

이 애벌레에게는 큰 턱이 있기에 주삿바늘을 입에 넣고 원하는 물질을 강제로 먹이는 방법force-feeding method이 개발되어 있었다. 너무 가혹하긴 하지만 실험을 위해서 어쩔 수 없었다. 실험은 대성공이었다. 항생제 칵테일을 먹이고 하루가 지난 후에 장은 어떤 미생물도 없는 깨끗한 상태가 되어 있었다. 이제 준비가 되었으니 폴리에틸렌을 먹여보았다. 영국과 중국 연구자들의 결과가 맞다면 장내 미생물이 없는 꿀벌부채명나방은 폴리에틸렌을 전혀 분해하지 못해야 마땅하다. 하지만 결과는 우리가 예상했던 것과 전혀 다른 방향을 가리키고 있었다.

알아서 플라스틱을 분해하는 곤충?

항생제 칵테일로 애벌레의 장내 미생물을 모두 죽여도 폴리에틸렌은 똑같이 분해되었다. 이 말은 미생물이 없더라도 애벌레가 폴리에틸렌을 분해할 수 있다는 것이다. 정리하면 기존에는 장내 미생물이 플라스틱을 분해할 것이라고 생각했는데, 장내 미생물을 모두 죽여도 분해한다는 것은 그것이 없어도 된다는 의미다. 이것이 우리의 발견이었다. 이제 그다음 실험을 어떻게 해야 하는지가 고민으로 다가왔다. 폴리에틸렌이 곤충의 장을 통과하면서 분해된다는 것은 장내에서 어떤 과정을 거쳐 분해된다는 뜻이다. 어떤 과정을 거칠까?

문제에 답이 있다고 생각하며, 곤충의 장을 통과하여 분해된 폴리에틸렌 구조들을 자세히 관찰했다. 앞서 이야기했지만 폴리에틸렌은 탄소와 수소만으로 구성된 인공적 화학물질이다. 하지만 장을 통과한 폴리에틸렌은 잘게 쪼개져 있었다. 그리고 더 이상하게도 이 쪼개진 구조에는 어김없이 산소가 붙어 있었다. 분명 처음에는 산소가 없었는데 장을 통과하면서 산소가 붙었고 분해도 일어났다.

엄청난 수수께끼였다. 이것을 어떻게 설명해야 할까? 대담한 상상력이 필요했다. 생명체에서 일어나는 분해는 크게 물리적 분해와 화학적 분해로 나눌 수 있다. 물리적 분해는 단순히 큰 물질을 잘게 부수는 것이다. 바위를 모래로 잘게 부수는 것과 비슷하다. 비닐봉지를 가위로 잘게 자르는 것도 이에 속한다. 그렇지만 바위나 모래의 분자구조는 동일하다. 비닐을 아무리 잘게 가위로 자르더라도 폴리에틸렌이라는 구조가 바뀌는 것은 아니다. 앞서 언급한 산소가 붙은 구조로 쪼개졌다는 것은 물리적 분해가 아니라 화학적 분해가 일어났다는 것을 반증한다. 생물체에서 화학적 분해는 주로 효소라고 부르는 단백질이 담당한다. 효소의 능력은 대단하다. 효소가 없는 인공 조건의 경우 어떤 물질의 분해나 합성은 고온과 고압에서 일어난다. 공기 중에서 질소를 뽑아 질소비료를 만들려면 축구장 여러 개 면적에 해당하는 설비가 필요하고 비용도 만만치 않다. 하지만 뿌리혹세균은 상온과 상압의 공기 중에서도 간단히 질소를 고정하여 식물에게 제공한다. 효소의 마력이다. 꿀벌부채명나방의 장도 미생물

10 균은 의외로 많은 일을 한다

의 도움 없이 스스로 효소를 분비하여 폴리에틸렌을 분해했다는 가설을 세울 수 있었다.

원래 자연계에는 긴 탄소 사슬을 분해하는 효소가 널려 있다. 에스터레이스esterase와 라이페이스lipase가 대표적인 효소인데, 이들의 특징을 살펴보면 그 답을 찾을 수 있다. 이 효소들은 산소가 붙어 있는 탄소 사슬만 분해할 수 있고, 산소가 없는 탄소 사슬은 전혀 분해할 수 없다. 그래서 탄소와 수소만으로 구성되어 있는 폴리에틸렌을 포함한 플라스틱은 자연계에서 분해되지 않고 '만드는 데 3초, 사용하는 데 3분, 분해되는 데 300년'이란 말이 생겨났다.

앞의 이야기로 돌아가서 꿀벌부채명나방 애벌레는 어떻게 이 플라스틱을 분해할 수 있었을까?

파랑새 증후군

파랑새 증후군은 자신이 그토록 찾는 대상이 사실은 바로 가까이에 있으니 답은 주변에서 찾으라는 교훈을 준다. 주위에 문제 해결의 실마리가 있으니 고정관념을 버리고 접근해보라는 뜻이다. 당시 우리 실험실은 꿀벌부채명나방의 DNA 서열을 모두 밝히는 유전체 분석 프로젝트를 진행 중이었다. 이 작업은 과학적으로도 의미가 있었다. 곤충은 주로 식물을 먹기 때문에 농업 분야의 해충herbivory

이라는 관점에서 많은 곤충의 유전체가 분석되어왔다. 이 외에 곤충을 먹는 곤충인 육식carnivore 곤충에 대한 연구도 많이 진행되었지만, 전혀 다른 먹이인 벌집을 먹는 꿀벌부채명나방은 왁스를 먹이로 삼는 거대 왁스 벌레greater wax worm로 분류되어 유전체 관점에서 연구되지 않고 있었다. 이 연구 과제는 울산과학기술원UNIST에 계시는 박종화 교수님이 많이 도와주셨다.

우리 실험실은 꿀벌부채명나방의 유전체를 많이 분석해둔 상태였다. 먼저 꿀벌부채명나방에게 벌집을 먹인 후 장을 적출하여 RNA를 모두 분리하고 어떤 유전자가 많이 발현되는지를 확인해보았다. 흥미롭게도 P450이라는 효소가 가장 많이 발현되었다. P450은 사이토크롬이라는 효소로, 간단하게 말하면 탄소와 같은 분자에 산소 원자 하나를 붙여주는 효소이다. 생각보다 간단히 주인공을 찾아냈다. 하지만 또 다른 이해할 수 없는 부분이 있었다. '사이토크롬이라는 효소가 폴리에틸렌에 산소를 붙여준다면 이 이벤트는 어떻게, 그리고 어디에서 일어날까?'라는 의문이 생겼다. 왜냐하면 모든 효소는 액체 속에서 작용하는데, 플라스틱인 폴리에틸렌은 물속에서 어떤 효소도 접촉하도록 허락하지 않기 때문이다. 일단 물질이 물에 젖어야 효소가 작용할 수 있다. 이런 일이 일어나지 않는데 효소가 어떻게 산소를 붙여준다는 것인가?

물에 젖는 플라스틱 만들기

폴리에틸렌이 물에 젖게 하려면 어떻게 하면 될까? 앞서 언급한 파랑새 증후군처럼 우리가 하는 실험에 그 답이 있을 수도 있다. 그래서 생물학 교과서를 꺼내서 효소의 작용 부분을 찬찬히 읽어나갔다. 효소가 작용하기 위해서는 물(액체)이 있어야 하고 기질(분해하려는 대상)이 있어야 한다. 그리고 이것들이 적당한 pH와 온도 속에서 작용해야 한다. 우리의 시스템에서 기질은 폴리에틸렌이고 온도는 상온이며, 물이 있어야 하지만 젖지 않는 상태이다. 마지막 남은 것은 pH이다. 우리가 한 번도 생각하지 않은 요소였다. 이번에는 벌집과 폴리에틸렌을 먹인 후에 꿀벌부채명나방의 장내 pH 변화를 관찰했다. 놀랍게도 장내 pH가 pH10 이상으로 변화했다. 이유는 알 수 없지만 벌집을 먹으면서 소화하기 위한 단계에서 pH가 바뀌는 듯했다. 벌집은 긴 탄소 사슬로 이루어져 있는데, 강알칼리 조건에서 이 탄소 사슬이 조금 느슨해지기 때문이다. 자연계에서는 대부분이 pH7의 중성 상태이고, pH10과 같은 강력한 알칼리 조건은 만들어지기가 쉽지 않다. 그러면 왜 폴리에틸렌을 먹을 때만 에벌레의 장이 pH10의 강알칼리 조건으로 바뀔까? 분명 이유가 있을 것이다. 앞서 언급했지만 아마도 사슬이 긴 탄소 물질이 장으로 들어오면 장이 벌집을 분해했을 때처럼 장내 환경이 바뀌는 듯하다. 조금 더 상상력을 동원하면 탄소 사슬이 느슨해진 틈을 타서 사이토크롬 P450 효소가 폴리에틸렌 탄소에 산소를 붙여주는 것이다.

종합해보면 환경이 pH10으로 바뀌면 폴리에틸렌 조직이 느슨해지면서 물과 부분적으로 접촉하게 되고, 이때를 놓치지 않고 사이토크롬 효소가 탄소 사슬에 산소를 붙여주는 것이다. 산소가 붙은 탄소는 자연 상태에서 다양한 효소에 의해서 분해될 수 있다. 에스터레이스와 라이페이스가 대표적이다.

실험 결과를 2019년 초에 논문으로 발표했는데, 많은 언론과 어린 과학 꿈나무가 관심을 가져서 큰 보람을 느꼈다. 하루는 《바람의 딸》의 작가이자 구호 전문가인 한비야 선생님이 연구소를 방문하여 강연하셨다. 이분이 강연을 마치고 갑자기 나를 찾는 것이 아닌가? 급하게 갔더니 사진을 찍고 이야기를 나누고자 하셨다. 한비야 선생님이 나를 찾으신 이유는 이랬다. 구호 현장에서 가장 큰 문제는 깨끗한 물이다. 물 대부분을 플라스틱 병으로 전달하는데, 빈 용기 뒤처리가 무척 힘들다는 것이었다. 플라스틱 분해 방법만 있으면 바로 적용하고 싶으니 제발 방법을 개발해달라고 부탁하셨다.

사실 개인적으로도 이 부분이 가장 큰 숙제 중 하나였다. 우리의 연구 내용을 어떻게 실용화할 것인가. 간단하게 '꿀벌부채명나방 애벌레를 많이 키워 페트병에 두면 되지 않을까?'라고 할 수도 있지만 쉽지 않다. 왜냐하면 실험 결과에 따르면 애벌레로 지내는 시기가 2주 정도로 이 시기가 지나면 바로 번데기와 성충이 되기 때문에 효율이 높지 않고, 플라스틱만 먹고 완전한 변태를 하기도 쉽지 않기 때문이다. 어떻게 하면 이 문제를 해결할 수 있을까?

　농업 현장에 버려지는 폐비닐은 대부분 폴리에틸렌인데, 다행히도 농촌진흥청에서 이를 생물학적으로 해결하는 과제를 진행하며 연구를 계속할 수 있었다. 요약하면, 우리가 찾은 P450 효소를 만들 수 있는 유전자를 미생물의 DNA 속에 집어넣으면 미생물이 자라면서 계속 이 효소를 만들게 할 수 있다. 쓰고 남은 비닐봉지(폴리에틸렌)를 이 효소를 만들 수 있는 미생물 배양액에 넣어주면 산소가 붙는 산화가 일어난다. 이후 에스터레이스와 라이페이스를 넣어주면 화학적 분해가 진행된다. 현재 연구가 마지막 단계인데 연구비가 갑자기 삭감되어 마무리할 수 있을지는 모르겠다. 하지만 목표로 했던 미생물을 제작하여 대량 배양과 플라스틱 분해 실험을 계획하고 있다. 다음 책에서 그 결과를 보여드릴 수 있으면 좋겠다.

　꿀벌부채명나방 애벌레의 탈출이라는 우연치 않은 현상을 자세히 관찰한 덕분에 플라스틱을 분해할 수 있는 효소를 찾고 이를 적용할 기술까지 개발한 경험은 정말 운이 좋았다고밖에 할 수 없는 사건이었다. 무엇보다 실험실에서 일어나는 일들이 나와는 별개가 아니라 내가 찾고 있는 바로 그것일 수도 있다는 파랑새 증후군을 극복하려 한 것도 문제 해결에 큰 몫을 했다. 과학에서는 이렇듯 그저 우연이라고 생각한 것들이 필연적으로 얽혀 있다. 그것을 집중해서 '관찰'하는 눈만 있으면 언제든 새로운 발견이 곁에서 기다리고 있다. 그러니 주위를 자세히 살펴보자.

대장암을 막기 위해 신종플루 치료제를 먹는다고?

물고기로 장내 미생물 연구하기

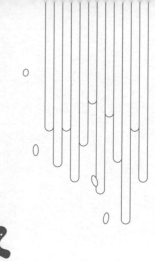

얼마 전 《네이처Nature》에 한국에 대한 기사가 실려서 자세히 읽어보았다. 제목은 '왜 이렇게 많은 젊은이가 암에 걸리지? 데이터는 뭘 말하고 있는가Why are so many young people getting cancer? What the data say?'였다.● 최근 미국과 유럽에서 대규모로 조사한 자료를 바탕으로 50세 이하의 젊은 암 환자의 숫자가 2016년도 이후 급격하게 증가했다고 보고한 내용이었다. 남성보다는 여성, 백인보다는 흑인과 (알래스카와 미국 본토에 사는) 아메리카 원주민 환자가 특히 많이 증가했다고 한다. 암 중에서 유방암과 대장암을 주로 다루었는데, 여기서 한국과 일본의 차이를 언급했다. 경제적으로 비슷하고 식습관과 생

● https://www.nature.com/articles/d41586-024-00720-6

　　　　　　11 대장암을 막기 위해 신종플루 치료제를 먹는다고?

활 패턴도 비슷한데 한국에서 유난히 직장암(대장암) 환자가 가파르게 증가하고 있다는 내용이었다. 원인은 다양하지만 아직 정확하게 말하기는 이르다는 내용으로 끝을 맺었다. 이 기사를 읽자 이전에 실험실에서 물고기로 진행했던 대장암 실험이 생각나서 그 내용을 소개하려고 한다.

모델 동물 이야기-
물고기로 암 실험을 한다고?

인간의 병을 치료하는 방법을 연구하는 실험에서 마지막 단계는 인간에게 직접적으로 적용하는 시험(임상시험)이다. 그전에는 다양한 시행착오를 거치며 조건을 만들어가는 여러 단계의 시험을 진행한다. 이때 인간을 대신하는 다양한 동물을 모델로 하여 실험을 한다. 이러한 동물을 '모델 동물'이라고 한다. 가장 단순한 모델 동물은 일부 약물을 찾을 때 사용하는 효모다. 효모는 인간과 같은 진핵 생물이기 때문에 이용한다. 좀 더 크지만 맨눈으로 보기 힘든 예쁜꼬마선충을 이용해서 인간에게 적용하는 약을 확인하거나 노화에 관련된 실험을 하는 과학자들도 있다. 더 큰 동물 모델을 이용하고 싶다면 초파리를 사용한다. 예쁜꼬마선충은 맨눈으로 보기 힘들어서 현미경으로 봐야 하지만, 초파리는 눈에 보이고 잡을 수도 있기 때문이다. 하지만 원하는 위치, 가령 배나 머리 등에 선택적으로 접종하기가 쉽지 않다. 이 문제를 극복하기 위해 꿀벌부채명나방을 이용할 수 있다. 크기가 2~3센티미터여서 손으로 잡고 원하는 위치에 접종할 수 있다. 키우기 쉽고 가격이 싸다는 것도 장점이다.

그래도 초파리와 꿀벌부채명나방은 곤충이기 때문에 좀 더 가까운 생물을 찾는다면 생쥐가 있다. 생쥐는 전 세계적으로 유전적으로 동일하며 표준화되어 있어 실험을 직접적으로 비교할 수 있다는 장점이 있다. 만약 생쥐가 너무 작아서 실험 결과를 믿지 못하겠다면 더 큰 동물을 이용할 수 있다. 닭이나 개 아니면 족제비를 사용하기도 한다. 코로나19 발생 초기에 동물 모델이 없을 때 족제비는 좋은 동물 모델로 이용되었다. 족제비는 사람처럼 재채기도 한다고 한다. 그래도 이런 동물들은 유전적으로 사람과 너무 멀다. 따라서 사람을 대상으로 임상 실험을 하기 전에 꼭 원숭이로 마지막 실험을 하여 효과와 독성을 시험한다.

여기에 빠진 동물 모델이 하나 있다. 바로 물고기다. 제브라피시 Zebrafish, *Danio rerio*라는 친구인데 바닷물이 아닌 민물에 사는 물고기로, 다른 동물에서 할 수 있는 거의 모든 실험이 가능하다. 충남대학교에는 '질환모델제브라피쉬은행'이 있다. 이곳을 이끄는 충남대학교 최철희 교수님은 이 물고기를 이용하여 다양한 질환과 관련한 유전자를 찾고 계시다. 특히 자폐나 치매 유전자를 제브라피시 돌연변이를 이용하여 연구한다. 자폐 물고기는 다른 친구와 놀지 않고 구

제브라피시

석에서 혼자 반복 행동을 한다. 이 물고기 모델의 또 다른 장점은 알에서 깨어난 후 1~2주 동안에는 몸이 투명하여 몸속에서 일어나는 다양한 작용을 현미경 아래에서 쉽게 관찰할 수 있다는 것이다. 생쥐를 이용한 대장암 연구는 많이 진행되었지만 물고기를 이용해 연구된 적은 없었고, 대장암 발생 초기에 장내에서 어떤 일들이 일어나는지도 알려지지 않았다.

나는 물고기 연구 전문가로 한국생명공학연구원의 제브라피시 실험실을 운영 중인 이정수 박사님을 처음 찾아간 날 실험실 한쪽 벽을 가득 채운 어항을 보고 놀라지 않을 수 없었다. 흔히 동물실험실은 쥐 케이지와 해부 시설이 있는 것이 일반적인데 수십 개의 어항에 유유히 노니는 물고기가 가득 차 있었다. 물고기를 이용한 대장암 실험의 시작은 이정수 박사님의 실험실에서 일했던 전주희 박사님이 하셨고 마무리는 이재근 박사님이 하셨다.

대장에 염증 일으키기

제일 힘든 부분은 물고기에서 어떻게 대장암이 발생하게 만들 수 있을까? 하는 것이었다. 일반적인 상태에서는 아무리 해도 대장 암을 유발할 수 없었다. 그래서 사람의 종양(암) 억제 단백질로 잘 알려진 p53이라는 물질을 돌연변이시켜 생쥐에게 처리해보았다. 그랬 더니 p53 돌연변이 생쥐의 전신에 염증이 증가했고, 추가 약물 처리 를 통하여 암으로 발전하는 것도 확인했다. 물고기에서도 비슷한 일 이 일어나는지 관찰해본 결과 물고기의 장기, 특히 장내의 염증이 심해졌다. 다만 염증이 암을 의미하는 것은 아니다. 일반 세포에서 는 염증이 발생하면 염증을 억제하는 단백질이 만들어져서 균형을 유지하는데, 암세포에서는 브레이크에 해당하는 이 억제 단백질에 문제가 생겨 암으로까지 발전하는 것이다.

염증이 많이 발생하는 현상이 암을 의미하지는 않기 때문에 우 리는 더욱 심한 염증 발생을 위해서 특별한 물질인 덱스트란 설페 이트 소듐dextran sulfate sodium, DSS을 추가로 넣어주었다. 이렇게 하면 암이라고 부를 수는 없지만 암의 직전 단계인 모델을 완성할 수 있 다. 이렇게 극심한 환경을 만들어놓고 현미경을 보면서 물고기 장내 에서 어떤 변화가 일어나는지를 시간별로 관찰했다. 분명히 염증이 심해지는 것을 관찰했고, 다양한 세포 중 술잔세포goblet cell가 과다 하게 만들어지는 것도 관찰했다. 술잔세포는 장에서 장 세포를 덮고 있는 점액질mucus을 만드는 단백질인 뮤신을 생산하는 세포이다. 이 끈적끈적한 점액질이 장내에서 세균들이 장을 통과하여 안쪽으로 침투하지 못하게 하는 장벽으로 작용한다. 뮤신이 장내 미생물과 상호작용하는 현상이 많이 보고되었기 때문에 미생물의 역할을 조사해보았다.

미생물의 역할을 알아보는 방법은 장 속의 미생물을 없애는 것이다. 세균이 그람양성균과 그람음성균으로 나뉘듯, 항생제도 보통 그람양성균만 죽이는 항생제와 그람음성균을 죽이는 항생제로 나뉜다. 그람양성 세균만 죽이는 항생제를 넣어준 물고기는 술잔세포와 염증이 많아졌지만, 그람음성 세균을 죽이는 항생제를 넣어준 물고기에서는 아무 변화가 일어나지 않았다. 결론적으로 그람음성 세균이 염증과 술잔세포가 많아지게 한다는 것을 알 수 있었다.

물고기 장 속의 범인을 찾아라!

물고기의 장에 있는 그람음성 세균 중 구체적으로 어떤 종이 염증과 술잔세포를 늘리는지를 알기 위해서 물고기의 장을 잘 갈아서 배지에 옮겨 그람음성 세균만 자랄 수 있도록 하고, 혹시 모를 오염을 막기 위해 배지에 그람양성 세균만 죽이는 항생제를 첨가했다. 이렇게 만들어진 수많은 세균 콜로니를 새로운 배지에 옮기고, 이를 장내세균이 없는 물고기에 접종해서 염증이 증가하는 세균만을 골라내는 작업을 몇 달간 지속했다. 간단하게 이야기했지만 사실 이 과정이 제일 힘들다. 모래밭에서 바늘 찾는 심정으로, 그래도 희망을 가지고 진행할 수밖에 없는 힘든 과정이다. 이런 산을 여러 번 넘어야 진정한 과학자가 될 수 있다.

길고 긴 과정을 거쳐 에로모나스 잔다에이*Aeromonas jandaei*라는 범인을 찾았다. 이 세균은 물고기에 병을 일으키는 것으로 잘 알려진 병원균이다. 늘 병을 일으키는 것은 아니고, 물고기의 건강 상태가 좋지 않을 때 병을 내는 특징이 있다(이러한 종류를 기회 감염균이라 부른다). 이 세균을 키워서 종양 억제 유전자가 없는 p53 돌연변이 물고기와 같이 배양했더니 심한 염증을 일으키는 덱스트란 설페이트 소듐 없이도 염증과 술잔세포가 급격하게 증가했다. DNA를 이용한 미생물 분석 결과 또 알게 된 사실이 있는데, 염증이 일어나는 장에서는 극단적으로 단순한 미생물종이 관찰된다는 것이다. 단순하게 표현하면 일반 물고기의 장에 1,000가지의 세균이 산다면 염증이 일어나는 장에는 열 가지 정도만 존재하고 있었다. 그중에서 에로모나스가 다수를 차지하고 있었다. 장내에서 미생물의 균형이 완전히 깨진 것이다. 균형이 깨지면 늘 그렇듯 문제가 발생한다.

에로모나스는 어떻게 장을 차지할 수 있었을까

이제 여러 가지 퍼즐이 우리 손에 들어왔다. 그림을 맞추어야 할 때가 된 것이다. 정리해보면 장내 염증이 증가하는 상태에서는 술잔 세포가 많이 만들어지고 끈적끈적한 점액질이 증가한다. 그러면 세균들이 장 세포에 직접 닿지 못하기 때문에 세균에 의한 염증 발생이 줄어들어야 하는데 반대로 염증이 증가했다.

이제 초점을 물고기의 장으로 넘겼다. 염증이 심해진 상태에서 장내 세포에 어떤 일들이 일어나는지를 알기 위해서 장 세포의 유전자 발현을 조사했다. 흥미롭게도 시알산sialic acid을 만들어 점액질로 전달하는 유전자들이 많이 발현하고 있었다. 시알산은 점액질을 구성하는 단백질 중 하나다. 왜 시알산이 많이 만들어지고 이들이 점액질 속에 많아지는 것일까? 어쩌면 이해가 된다. 시알산이 많아져서 점액질이 더 두꺼워진 이유가 여기에 있다. 하지만 시알산과 에로모나스는 어떤 관련이 있을까?

이 와중에 이재근 박사님이 또 다른 흥미로운 결과를 발견하셨다. 세균이 없는 상태에서는 두꺼웠던 점액질이 에로모나스를 접종하니 급격하게 얇아졌다. 이유를 어떻게 설명해야 할까? 이번에는 반대로 에로모나스에 집중해서 시알산이 많은 점액질에서 에로모나스가 어떻게 살아가는지를 다양한 유전자의 발현량을 살피면서 조사해보았다. 오랜 시간이 흐른 후 에로모나스가 시알산을 분해하는 효소인 시알리다제sialidase를 만들어내는 것을 관찰할 수 있었다. 이제 상상력이 좀 필요하다. 시알산 분해 효소를 가위라고 생각해보자. 에로모나스는 이 가위를 가지고 열려 있는 포도를 잘라 먹듯이 점액질의 끝부분에 붙어 있는 시알산을 하나씩 잘라서 먹이로 삼고 있었다. 그래서 장내에 시알산이 많아지면 이를 먹이로 삼을 수 있는 장내세균들이 급격하게 증식하고, 시알산을 먹지 못하는 세균들은 상대적으로 밀도가 줄어들어 장내세균의 분포가 단순해졌다. 그중 에로모나스가 가장 잘 먹고 증식했기 때문에 심한 염증의 범인으로 지목된 것이다. 이렇게 증식하면 얇아진 점액질 속에 장 세포가 조금씩 보이고, 이들이 독소 물질을 분비하며 장 세포에 침입해 염증이 깊어지면 암으로 발전할 수 있다.

즉 세균의 시알산 분해 효소로 인해 장내 점액질이 세균의 먹이로 바뀌어 에로모나스가 잔치를 벌였던 것이고 전체적으로 장내세균의 균형이 깨져 염증이 증가하고 결국 대장암으로 발전하는 것이다. 그렇다면 이 결과를 이용하여 대장암을 막을 방법이 있을까?

타미플루를 다르게 이용하기

제일 중요한 발견은 점액질에 있는 시알산을 에로모나스가 분해 효소로 잘라 먹는 현상이다. 그렇다면 세균의 시알산 분해 효소를 억제하면 대장암을 막을 수 있을까? 더욱 흥미로운 것은 이미 시알산 분해 효소 억제 약물이 시중에 나와 있다는 것이다. 신종플루가 창궐했을 때 제약업체 로슈에서 '타미플루'라는 신약을 개발했다. 증상이 발견되고 48시간 내에 복용하면 씻은 듯이 독감이 낫는 약으로, 많은 사람의 생명을 구했다. 이 타미플루가 바로 시알산 분해 효소 억제 약물이다.

그러면 타미플루는 어떻게 신종플루 바이러스를 막을 수 있었을까? 타미플루의 주성분은 오셀타미비르oseltamivir라는 화학물질이다. 이것을 이해하려면 독감 바이러스(플루)influenza의 생활사를 이해할 필요가 있다. 바이러스는 동물세포의 수용체를 통하여 세포 안쪽으로 들어간다. 예를 들어 코로나 바이러스는 외피에 있는 스파이크 단백질이 ACE2라고 불리는 동물 수용체를 인식하여 안쪽으로 들어간다. 안쪽으로 들어간 바이러스는 동물의 단백질을 집의 재료처럼 이용하여 증식하고 자기와 동일한 개체를 무한 복제한다. 그러다 더 이상 증식하지 못하는 단계가 되면 독감 바이러스는 이제 동물세포에서 탈출해야 한다. 이때까지 동물세포와 바이러스는 시알산을 매개로 붙어 있었다. 연을 날릴 때 연과 얼레 사이에 연줄이 있는 것처럼 시알산이 이 둘을 연결하고 있었다. 바이러스가 동물세포를 탈출하려면 시알산 분해 효소를 만들어서 가위로 연줄을 자르듯이 동물세포와 바이러스를 연결하는 부위를 잘라야 한다. 그래야 다른 세포에 침입할 수 있게 된다. 오셀타미비르는 바로 이 가위를 못쓰게 만든다. 바이러스는 아무 데도 갈 수가 없다.

이제 시알산 분해 가위를 막을 수 있는 타미플루를 물고기 장속의 에로모나스에게 적용해보기로 했다. 우리는 타미플루를 녹여 물속에 넣어주고 장내에 에로모나스가 있는 물고기의 염증 정도를 관찰해보았다. 예측했던 대로 염증이 거의 완전하게 사라졌으며, 더 이상 대장암으로 진행되지 않았다.

우리가 논문을 투고한 후 리뷰어들은 바이러스의 시알산 분해 가위로 알려진 타미플루 외에 세균 특이 가위로 실험해보라는 의견을 제시하기도 했다. 마침 경상대학교 박기훈 교수님이 필리핀 A^{philippin A}라는 물질로 특허를 냈다는 소식을 듣고 급하게 연락드렸더니 흔쾌히 제공해주셨다. 그래서 논문의 마지막 그림은 필리핀 A를 이용하여 염증을 줄이는 내용으로 장식할 수 있었다. 사실 크게 다른 점은 없었다. 바이러스가 가지고 있는 시알산 분해 가위나 세균이 가지고 있는 가위 모두 시알산을 잘 잘라주었다. 효소이기에 그 기질인 시알산이 동물세포에 붙어 있는 바이러스의 탈출을 돕든지, 물고기 장속 융모 끝에 붙어 있는 시알산을 끊어서 세균의 먹이를 만들어주든지의 차이가 있을 뿐이었다.●

이정수 박사님과 이재근 박사님의 헌신적인 도움, 그리고 모든 안건을 편히 이야기하며 당면한 문제를 그때그때 해결한 공동 연구 덕분에 대장암으로 이어질 수도 있는 염증을 획기적으로 줄이는 수단으로 필리핀 A를 찾아냈다. 또한 이것이 장내 미생물의 불균형을 효과적으로 치료할 수 있는 약이라는 것도 알아냈다. 물고기에서 얻은 결과를 생쥐 같은 다른 동물에게도 적용할 수 있는지, 더 나아가 사람에 대한 임상까지 갈 수 있을지는 아직 모른다. 하지만 인간의 장도 점액질로 싸여 있고 시알산이 많다는 사실을 보면 그리 꿈같은 이야기는 아닐 것이다.

우리나라 젊은이들의 대장암 발생이 급증했다는 이야기를 접하니, 혹시 이 문제를 해결할 수 있는 획기적인 방법으로 타미플루를 처방받는 것은 어떨까 생각해봤다. 그렇지만 가격 측면에서 보면 아직 시도해보기는 힘들 것 같다. 얼마나 계속 복용해야 효과가 있을지 의문인데, 대장암이 발생하기 전에 먹어야 하니 병에 걸리지도 않았는데 약을 먹으라고 하는 것은 더 말이 되지 않는다. 하지만 이런 의도치 않은 발견들이 찻잔 속의 폭풍에 머물지 않고 나비효과가 되어 우리에게 다가왔으면 하고 기대한다. 과학은 이렇게 현실에 적용되기 때문이다.

• https://microbiomejournal.biomedcentral.com/articles/
10.1186/s40168-021-01191-x

배 속의 균이 바꾼 내 모습

곤충의 변신은 무죄

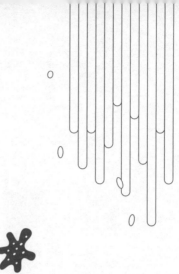

　　이번에 할 이야기는 '변신'이다. 프란츠 카프카의 단편소설 〈변신〉을 떠올릴 수도 있고, 옵티머스 프라임이 자동차에서 로봇으로 변하는 영화 〈트랜스포머〉를 생각할 수도 있을 것이다. 둘 다 직접적인 관련은 없지만 굳이 비슷한 것을 찾는다면 카프카의 〈변신〉이 조금 더 비슷하다고 할 수 있다. 곤충에 대한 이야기이기 때문이다.

"박사님, 이상해요!"

　　이야기의 주인공은 앞에서도 소개한 곤충 꿀벌부채명나방이다. 우리 실험실에서 이 친구는 정말 보배와도 같은 위치를 차지하고 있다. 항생제 내성 세균을 실험하기 위해서는 동물을 사용해야 하는

12 배 속의 균이 바꾼 내 모습

데 생쥐보다 덜 부담스러운 모델을 찾다가 만난 친구다. 인간의 체온인 37도에서 잘 지내서 인체 병원 세균이 좋아하는 온도인 37도에서 실험할 수 있고, 무엇보다도 가격이 싸고 기르기 편하다. 더불어 이 곤충으로 한 실험과 생쥐에서 한 실험의 결과가 비슷하기 때문에 실험실 모델 동물로 인기가 많다. 우리 실험실에 택배로 배달된 이 친구가 비닐을 뚫고 탈출하는 바람에 그 이유를 연구하다가 애벌레가 플라스틱을 분해할 수 있다는 새로운 결과를 얻어 논문으로 발표했다.

늘 그렇듯 위대한 발견의 기회는 사물에 집중해서, 그리고 가까이 다가가서 관찰하는 눈을 가진 사람에게 주어진다. 실험실에 박사후 연구원으로 있었던 공현기 박사(지금은 충북대학교 식물의학과 교수가 되었다)가 어느 날 꿀벌부채명나방으로 플라스틱 분해 실험을 하다가 내 방에 들어오면서 "박사님, 이상해요!" 하고 외쳤다. 개인적으로 이 말을 참 좋아한다. 새로운 발견의 씨앗일 가능성이 높기 때문이다. 당시 공현기 박사와 정준휘 박사는 플라스틱을 분해하는 꿀벌부채명나방 애벌레의 장내 미생물이 얼마나 큰 역할을 하는지를 실험하고 있었다. 앞서 언급했듯이 장내 미생물을 몽땅 죽이기 위해서 다섯 가지의 항생제 칵테일(그람양성 세균과 그람음성 세균들, 그리고 곰팡이를 죽이는 항생제를 섞었다)을 만들어 장내 미생물을 관장시킨 후 플라스틱을 먹여 그래도 플라스틱이 분해되는지를 관찰하는 실험이었다. 실험은 모두 애벌레로 진행했다(알은 움직일 수 없고, 성충은 아예 먹지 않기 때문이다).

공현기 박사가 계속해서 관찰한 이상한 현상은 항생제로 관장한 꿀벌부채명나방이 그렇지 않은 나방에 비해 애벌레에서 번데기로 빨리 바뀐다는 것이었다. 이제 초등학교 때 곤충에 대하여 배운 내용을 되새겨보자. 지구 상에서 가장 많은 종류와 숫자를 자랑하는 생명체인 곤충은 머리, 가슴, 배로 구성되어 있고 다리가 여섯 개이다. 또 다른 특징은 변태를 한다는 것이다. 알에서 애벌레로, 그리고 번데기로, 이후 성충으로 바뀐다. 이 네 가지 형태는 겉모습으로 볼 때 크게 다르다. 특히 애벌레와 성충의 모습은 너무나 달라서 애벌레만으로 성충의 모습을 예측하기는 힘들다. 여러분은 나비의 애벌레를 본 적이 있는지? 잠자리의 애벌레는? 무당벌레의 애벌레는? 꿀벌부채명나방도 애벌레에서 성충인 나방이 되는데, 그 중간에 대부분의 곤충들이 그렇듯 번데기 단계를 거친다.

지금은 유원지나 7080세대가 모이는 장소에나 가야 볼 수 있지만, 내가 어렸을 때에는 학교 앞 불량식품의 대명사가 번데기였다. 소풍 가면 꼭 번데기를 파는 아저씨가 솜사탕 파는 아저씨 옆에 있어서 짭쪼름하고 특이한(?) 식감의 번데기를 즐겨 먹었다. 과학적 근거는 없지만, 지금 생각하면 정말 값싸고 고단백인 완전식품을 자주 먹어 건강을 유지했던(?) 것 아닐까 생각해본다. 당시에는 비단이 우리나라의 중요한 수출품 중 하나였기 때문에 누에를 많이 길렀다. 그래서 누에고치가 만드는 실타래 속에 있는 번데기를 식용으로 삶

12 배 속의 균이 바꾼 내 모습

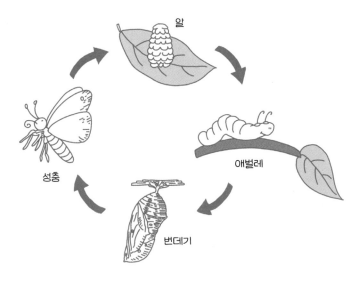

곤충의 생활사

아서 팔았다. 공현기 박사가 발견한 사실은 이유는 모르지만, 항생제 칵테일을 먹인 꿀벌부채명나방이 더 빨리 번데기로 변태하는 것이었다.

최근 번데기가 성충이 되는 현상과 관련하여 흥미로운 기사를 보았다. 미국의 주기매미*Periodical cicadas*는 두 종류가 있는데 13년 만에 성충이 되는 종과 17년 만에 성충이 되는 종으로 나뉜다고 한다. 공교롭게 2024년은 221년 만에 두 종 모두가 성충이 되는 최소공배수인 해여서 수백조 마리의 매미가 미국 동부를 뒤덮을 것으로 예상되었다.● 어떻게 이들은 정확하게 13년과 17년이란 세월을 인지할까? 곤충의 몸속에서 아주 정확한 시계가 움직이고 있는 것이다. 변태 시기가 어떻게 결정되는지는 아직 제대로 설명되지 않았는데, 일부 과학자들에 따르면 곤충의 체내에서 환경에 반응하는 특별한 호르몬이 만들어져 변태한다고 한다. 곤충에게 변태는 정말 중요하다. 정확한 시기를 맞추지 못하고 변태했다가는 종 전체가 멸종하는 위험을 감수해야 한다.

우리는 이 변태의 새로운 원인을 찾은 듯했기 때문에 흥분했다. 항생제를 곤충에게 먹이니 변태가 더 빨리 일어난다는 현상을 설명하기 위해서는 지금까지 발견한 다양한 실험 결과와 더불어 획기적인 아이디어들이 필요했다. 이제 하나씩 질문해보자. 보통 이런 실험은 뒤섞여 있는 여러 가지 원인 중 무엇이 진짜인지를 찾아내는 일들이 대부분을 차지한다. 논리실증주의에서 말하는 환원주의 reductionism를 따르게 되는데, 쉽게 말해 자연계라는 복잡계를 이해하기 위해 그것을 하나하나 분해하여 가장 작은 단위에서 설명하려는 것이 과학 활동의 근본이다. 많은 것이 엉겨붙어 일어나는 현상을 이해하기 위해서는 이와 비슷한 과정을 거칠 수밖에 없다.

● https://m.dongascience.com/news.php?idx=62097

● https://www.youtube.com/watch?v=PQ22mI5ZASM

12 배 속의 균이 바꾼 내 모습

변태를 촉진하는 항생제

우리는 꿀벌부채명나방에게 먹였던 항생제 칵테일로부터 실험을 시작하기로 했다. 앞서 설명한 내용을 기억하시는지? 이 실험에서 사용한 항생제는 다섯 가지였다. 다섯 가지 항생제 중 변태를 촉진하는 범인을 찾아내야 한다. 만약 두 가지나 세 가지가 합쳐져 이 현상을 만든다면 일이 복잡해진다. 아니기를 바라며 항생제를 하나씩 꿀벌부채명나방에게 먹인 후에 얼마나 변태가 빨리 일어나는지를 관찰했다. 다행히 쉽게 범인이 잡혔다. 반코마이신이었다. 반코마이신을 먹인 애벌레는 5일째가 되면 모두 번데기가 됐지만, 나머지 네 가지 항생제를 각각 먹인 곤충은 9일 정도 지나야 번데기로 변태했다. 4~5일이란 시간이 사람에게는 별것 아닐 수 있지만 곤충의 시계로는 너무나 긴 시간이다. 꿀벌부채명나방은 전체 생활사에서 알에서 깨어나 번데기가 될 때까지 일반적으로 14일간을 애벌레로 지낸다. 이 애벌레의 4일은 인간에게 청소년기의 3분의 1에 맞먹는 시간이다.

이제 반코마이신에 대해 알아보자. 반코마이신은 특정 세균을 죽이는 항생제로, 다양한 세균 중 그람양성 세균만 선택적으로 죽인다. 그람양성 세균의 세포벽은 두꺼워서 많은 단백질이 벽돌집처럼 잘 쌓여 있다. 그람양성균만 가진 벽돌 같은 단백질이 있는데, 반코마이신의 기전은 이 단백질들이 서로 연결하는 것을 방해하여 세균이 자라지 못해 죽게 만드는 것이다. 그래서 단백질이 두껍게 연결되지 않은 그람음성 세균에게는 효과가 없고 오직 그람양성 세균만 죽일 수 있다.

그러면 다시 질문해보자. 왜 그람양성 세균이 장내에서 없어지면 변태가 빨라질까? 이 질문에 답하기 전에 더 근본적인 질문을 해보자. 장내에 그람양성 세균과 그람음성 세균이 늘 같이 존재하니 그람양성균이 없어져서 변태가 빨라지는 것이 아니라 그람음성균이 상대적으로 많아져서 변태가 빨라지는 것은 아닐까? 충분히 가능성이 있다. 어차피 장내에는 하나의 세균이 아니라 다양한 세균이 존재하고, 이들은 경쟁을 통해서 생태학적 위치를 차지하고 있기 때문이다. 어떻게 실험하면 될까? 간단하다. 그람음성균만 죽이는 항생제를 먹여보면 된다. 다섯 가지 칵테일 항생제 중 폴리믹신은 그람음성균만 선택적으로 죽이므로 항생제를 먹인 후 결과를 기다렸다. 그런데 결과는 예상과 다르게 아무 일도 일어나지 않았다. 그람음성균의 존재 여부, 많고 적음은 곤충의 변태 속도에 영향을 주지 않은 것이다. 이제 다음 질문으로 넘어갈 차례였다.

그람양성균은 어떤 역할을 할까

이제 세균으로 초점을 넘겨보자. 처음에는 항생제가 범인인 줄

12 배 속의 균이 바꾼 내 모습

알았는데 실제 범인은 그람양성균이 줄어드는 현상이었다. 그러면 이제 꿀벌부채명나방의 전체 삶에서 각 단계별로 그람양성균이 어떻게 변화하는지를 살펴야 한다. 우리는 알에서 3령 애벌레와 4령 애벌레가 되기까지, 그리고 번데기와 성충에서 미생물이 어떻게 분포하는지 자세히 관찰했다. 알과 성충에서는 다양한 세균이 관찰되었다. 하지만 애벌레에서는 그람양성 세균인 장내구균이 90퍼센트 이상을 차지했고, 번데기에서는 그람음성 세균인 장내세균이 95퍼

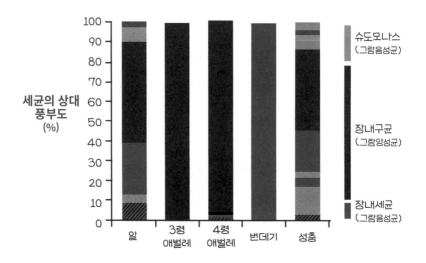

꿀벌부채명나방의 장내구균은 알일 때는 절반쯤 있고 애벌레 상태에서는 대부분을 차지한다. 이후 번데기 때는 사라지고, 성충이 되면 다시 알과 비슷한 비율이 된다. 하지만 그람음성 세균인 장내세균은 알일 때는 조금 있다가 애벌레 때는 거의 사라지며, 번데기 때는 가득 찬다. 이 두 가지의 밀도 분포가 변태를 결정한다.

센트 이상을 차지했다. 애벌레에게 반코마이신을 넣어주니 번데기로 빨리 바뀌었다. 이는 반코마이신에 의해 죽은 그람양성균이 번데기로 변태하는 과정의 직접적인 인자라는 뜻이었다. 메타지놈으로 미생물의 풍부도를 조사해보니 애벌레의 장은 그람양성균으로 가득차 있었지만 번데기에서는 그람양성균이 자취를 감춰버렸다. 그래서 실험처럼 반코마이신으로 그람양성 세균을 모두 죽여버리면 곤충은 이제 변태해야 한다고 인식하고 번데기로 몸을 바꾸는 것이다. 곤충은 장내 미생물을 극단적으로 단순화하여 변태 시기를 결정하는 것이다(사실 이 분야는 거의 연구되어 있지 않다. 초파리를 제외하면 우리 연구가 처음이다).

우리의 발견을 다시 확인하기 위해, 꿀벌부채명나방에서 반코마이신으로 죽는 세균을 분리하여 추가 실험을 했다. 그람양성 세균이 없어졌을 때 변태가 빨라진다면, 반대로 그람양성 세균인 장내 구균을 억지로 더 많이 넣어주면 변태 속도를 늦출 수 있을까? 그래서 장내에서 분리한 그람양성 세균을 장내에 넣어주니 변태 시기가 2~4일 정도 늦춰졌다. 흥미롭게도, 꿀벌부채명나방의 장내에서 발견되지 않은 바실러스(낫토균으로 알려져 있다)를 장내에 넣어도 변태를 비슷하게 늦출 수 있었다. 반코마이신을 처리한 후에도 이들 그람양성균을 넣어주면 변태가 빨라지는 현상이 사라지는 것도 관찰했다.

12 배 속의 균이 바꾼 내 모습

그람양성 장내구균이 가지고 있는 것은?

꿀벌부채명나방의 장에서 발견된 그람양성 세균인 장내구균은 어떻게 번데기로의 변태를 늦추는 걸까. 장내구균을 배지에 키운 후 세균을 원심분리하면 질량이 있는 세균은 아래로 가라앉고, 세균이 분비한 물질은 위쪽에 떠오른다. 분리된 두 가지 물질을 살펴보면 세균이 만들어내는 물질과 세균 덩어리 중 어떤 부분이 변태를 느리게 하는지를 관찰할 수 있다. 관찰 결과 세균이 만들어내는 물질이 아니라 세균 덩어리 자체를 넣어주었을 때 변태가 느려졌다. 이번에는 세균의 어떤 부분이 이 현상을 만드는지를 관찰하기 위해 아래쪽에 남은 세균 덩어리의 세포벽을 초음파로 부수었다. 그럼 세균 안에 있는 물질이 밖으로 나오고 세균의 세포벽과 분리된다. 이후 다시 원심분리를 하면 세균의 세포벽은 아래에 남고, 세포 내에 있는 물질은 위쪽에 뜬다. 이 세포벽 성분과 세포 안의 물질(세포질)로 다시 실험한 우리는 그람양성 세균의 세포벽 성분이 변태를 늦추는 것을 확인했다.

이 결과를 얻은 나와 공현기 박사는 고지가 눈앞에 왔다고 느꼈다. 하지만 우리에게는 넘어야 할 산이 하나 더 남아 있었다. 어쩌면 훨씬 중요한 질문이자, 골짜기가 깊은 큰 산이었다.

번데기가 될 때 장내구균은 어떻게 줄어들까

보통 과학은 '왜?'라는 질문에서 시작해서 '어떻게?'로 질문이 바뀌면 어느 정도 실마리가 풀렸다고 볼 수 있다. 처음 연구를 시작하면서 특정 세균(그람양성 장내구균)이 줄어들면 왜 번데기가 되는지를 연구했고, 장내구균의 세포벽 성분이 그 역할을 한다는 것까지 밝혔지만 가장 중요한 질문이 아직 남아 있었다. '장내구균의 밀도를 조절하는 힘은 과연 무엇이며, 어디에서 나올까?' 외부의 환경 변화일까? 아니면 곤충이 환경 변화를 인지해서 장내구균만 줄어들게 하는 걸까? 어떻게 이런 일이 장내에서 일어날까? 이 복잡한 것을 한 번에 알기에는 시간이 너무 많이 걸린다. 이럴 때 생명체의 RNA나 단백질 전체를 분석하는 방법을 사용하는데 이것을 오믹스 분석-omics analysis이라고 한다. 이 방법은 돈이 많이 들기는 하지만 개별 나무 하나하나를 분석하는 것이 아니라 산 전체의 수종 분포와 같이 큰 그림을 볼 수 있어서 현상이 뚜렷한데 정확한 답을 찾지 못할 때 적합하다.

애벌레에서 번데기로 변할 때 곤충의 장내에서는 엄청난 양의 항생 펩타이드antimicrobial peptide, AMP가 만들어진다. 항생 펩타이드는 외부에서 침입하는 병원균으로부터 자신을 보호하기 위해 만들어내는 천연 항생제다. 그런데 변태에는 어떤 역할을 할까? 논문을 찾아보니 AMP가 곤충의 변태에 관여하는지 여부는 거의 알려지지 않았다. 그래서 우리는 애벌레가 번데기가 될 때 만들어내는 AMP를 분리하기 시작했다. 곤충은 오랫동안 애벌레로 있기 때문에 애벌레를 좀 더 세분하여 나눈다. 꿀벌부채명나방의 경우 1령, 2령, 3령, 4령, 5령으로 나누는데 4~5령은 번데기가 되기 직전 상태이다. 1령, 2령, 3령으로부터 분리한 AMP를 장내구균과 같이 키워보았더니 아무 일도 일어나지 않았다. 하지만 4령 애벌레 장내에서 분리한 AMP는 장내구균을 눈 깜짝할 사이에 죽여버렸다. 곤충은 시간이 되면 장내에서 AMP를 만들어 장내구균의 밀도를 낮추고, 장내구균의 세포벽을 인식하는 곤충 세포의 수가 적어지니 번데기로 바뀌는 것이다. 이렇게 줄어든 장내구균은 번데기 동안 그 밀도를 회복하지 못하고 그람음성 세균에게 자리를 넘겨주고 만다. 곤충은 장내에서 번데기가 되기 위해 직접 AMP라는 항생제를 만들었던 것이다.

아직도 풀지 못한 숙제들

지금까지 이야기한 내용은 상당히 어렵기 때문에, 제대로 이해되지 않는다고 해서 실망할 필요는 없다. 관심이 있다면 여러 번 읽어보면 된다. 원래 과학은 쉽게 이해하기 힘들다. 이전보다 기술이 발전하면서, 쉽게 이해하고 실험할 수 있는 대부분의 영역은 이미 누군가가 밝혀냈기 때문이다. 하지만 생물학에서는 아무도 가보지 않은 미지의 영역들이 아직까지도 무궁무진하게 여러분을 기다리고 있다. 지금까지 밝혀낸 결과도 흥미롭지만, 답하지 못한 질문들이 있어 더 가슴을 뛰게 한다. 실험을 마치며 가장 궁금했던 점은 '왜 곤충은 가장 중요한 변태라는 과정을 이렇게 복잡하고 힘들게 조절하도록 발전했을까?' 하는 것이었다. 특히 스스로 하는 것이 아니라 굳이 장내에 있는 특정 미생물의 숫자를 조절함으로써 말이다. 생명체는 생태학적으로 에너지가 적게 들어가는 쪽으로 발전하기 마련인데, 이 경우에는 장내세균에 의존해서 변태하는 과정으로 발전한 것이 제일 이해되지 않았다. 어떤 생태학적 장점이 있을까? 스스로 호르몬을 분비해서 변태하면 될 것을, 장내세균을 조절해야만 변태하는 쪽으로 발전한 이유는 무엇일까? 아무리 생각해봐도 답을 찾을 수 없다. 아직 우리가 모르고 있거나 놓친 무엇인가가 존재한다고 위로하는 수밖에 없다. 혹시 기막힌 아이디어가 있다면 여러분의 연락을 기다리니 언제든지 연락 주시기 바란다.

우연히 발견한 이상한 현상에서 출발해서, 생명체가 미생물에게 의존하며 발전한 전혀 이해되지 않는 현상을 알기까지 많은 산을 넘었다. 곤충의 장 속에 꼭꼭 숨어 있었던 장내구균이 전혀 예상치 못했던 역할을 한다는 것을 밝힌 것만으로 가슴이 뛰었다. 눈에 보이지 않는 세균이 자기 모습을 바꾸는 데 이렇게 큰 역할을 한다는 것을 곤충 자신들은 알까?

인간의 장에도 수천 종의 세균이 산다고 알려져 있다. 이제 겨우 어떤 친구들이 사는지만 알려져 있다. 최근 이들이 분비하는 물질이 면역과 대사에서 나름의 역할을 할 것 같다는 이야기가 나오기 시작했다. 앞으로 전혀 예상치 못했던 획기적인 발견들이 이어질 것이다. 다양한 장내세균이 무슨 일을 하는지 차분하게 지켜볼 차례다.

세균 수프로 마스크 여드름을 막아라!

적의 적과 친구를 찾아라!

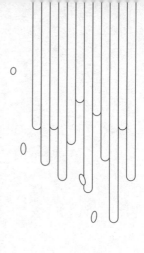

코로나19를 생각하면 가장 먼저 무엇이 떠오르는가? 나는 세 번의 여름 동안 숨쉬기도 힘든데 얼굴에 땀이 차오르는 것을 참으며 살기 위해 착용했던 마스크가 제일 먼저 떠오른다. 당시는 마스크 착용을 너무나 당연하게 받아들였지만, 10년 정도 지나면 아이들이 마스크를 쓰고 찍었던 졸업사진이나 결혼식 사진을 보며 정말 그랬는지 의아해할 것이다. 이번 이야기는 마스크와 연관된 실험 이야기이다.

과학은 '새로움'이라는 씨앗으로 시작한다

코로나19가 한창일 때 정부는 국민의 불편함을 덜어주기 위해 여러 가지 긴급 과제를 만들어 추진했다. 국책 연구소에서 녹을 먹는 미생물학자로서 나도 '코로나19로 고통받는 국민을 도우려면 무엇을 해야 하는가?' 하고 오랫동안 머리를 싸매고 고민했다. 하지만 코로나19 바이러스를 직접 연구하는 미생물학자와 달리 세균을 연구하는 나는 쉽게 그 답에 접근할 수 없었다.

그러던 중 2020년 여름이 되어 날씨가 더워졌다. 더워지면 호흡기의 건조함이 줄어들기 때문에 여느 감기 바이러스와 비슷하게 코로나19 바이러스가 폐 속으로 직접 들어가는 현상이 적어져 병 발생이 줄어들 것이라고 예상했다. 하지만 기대와 다르게 코로나19의 기세는 전혀 꺾이지 않았다. 그러면서 또 다른 예상치 못한 일이 벌어졌다. 더운 날씨에 마스크를 꼈을 때 피부에 여드름을 비롯한 문제들이 발생하는 것을 많은 사람이 호소하기 시작했다. 이 현상은 나와 직접적인 관련은 없었지만, 어느 날 우연히 들은 딸아이의 한마디 때문에 다른 세계에 발을 들여놓게 되었다. 외지에서 공부하는 딸아이가 마스크를 계속 끼니 얼굴에 여드름이 많이 나서 너무 힘들다고 이야기했다. "아빠는 미생물학자라며 이것도 해결 못해요?"

모든 국민이 힘들어하는 비상시국에 내가 지금까지 해오던 연구나 편안하게 하는 것에 죄책감을 느끼던 차여서 일을 미뤄두고 조금이라도 국민 건강에 도움이 되는 일을 해보자고 마음을 먹었다.

이 책에서 여러 번 이야기했지만 과학은 '새로움novelty'이라는 씨앗으로 자라기 시작하는 식물과 같다. 사람이 있고 공간이 있고 충분한 연구비가 있더라도 아이디어가 없으면 공중누각과 같다. 가장 중요한 것이 빠진 껍데기에 불과하다. 그림 속의 떡처럼 배고플 때 아무 도움이 되지 못한다. 아이디어가 중요하다고 해서 머릿속에 떠오르는 것을 무작정 실험하는 것도 상당히 위험하다. 대부분 아무 의미 없는 일이 되거나, 인류를 위험에 빠뜨리는 과학을 연구하게 될 수도 있다. 다른 각도에서 이야기해보자. 매년 가을 노벨상 수상자가 발표될 때쯤 자주 듣는 질문이 "왜 우리나라는 과학 분야 노벨상을 받지 못하는 것일까?"다. 많은 이유가 있지만, 그만큼 우리나라 과학자들이 추구하는 새로움의 단계가 노벨상이 요구하는 새로움에 미치지 못하기 때문이기도 하다. 남이 했던 연구를 조금만 바꾸어서 이어가는 추격형 연구로는 세계 최고가 될 수 없다. 왜 삼성전자는 애플에 번번이 지는 것일까? 그 이유는 애플이 처음으로 현대적인 스마트폰의 개념을 정립했기 때문이다. 물론 삼성전자 같은 추격형도 경제적 면에서는 충분히 돈을 벌고 삶을 윤택하게 만들 수 있다. 하지만 과학은 전혀 다른 문제다. 과학에서 2등은 아무도 기억하지 않는다. 어떻게 해서든지 '최초'라는 새로움을 만들어야 하는 것이 과학의 숙명이다.

마스크를 쓰면 여드름이 나는 이유

나는 실험을 시작하기 전에 문헌을 조사했지만 마스크로 인한 여드름이나 피부 염증에 대한 논문은 의외로 쉽게 찾을 수 없었다. 아마 코로나19 같은 호흡기성 바이러스로 인한 팬데믹이 1918년 스페인독감 이후에는 없어서 몇 년 동안 마스크를 착용할 일이 없었기 때문일 것이다. 이런 상황이라면 과학자로서는 새로움을 발견할 수 있는 좋은 밭을 찾은 셈이다. 그래도 논문이 전혀 없지는 않기 때문에 관련 논문을 모조리 찾아서 읽고 누구도 밟지 않은 하얀 눈밭 같은 공간을 찾아내 재빨리 나의 발자국을 찍어야 한다.

전체적으로 살펴본 발표 논문의 방향은 '마스크를 끼면 피부 염증을 일으키는 포도상구균이 평상시보다 많이 증식하여 염증이 발생한다. 그 이유는 세균이 좋아하는 습도와 온도가 잘 유지되기 때문이다'였다. 상식적인 내용이다. 새로움을 위해서는 남들이 보지 못하는 새로운 각도에서 문제를 보는 것이 중요하다. 그것도 과학적 합리성을 바탕으로 정교한 안경을 끼고 봐야 한다.

마스크 속에서 여드름을 유발하는 세균을 찾기 위해서 우리는 아주 기본적인 것부터 하나씩 점검하기로 했다. 피부에 염증을 일으키는 포도상구균과 같은 세균들이 어디에 사는지를 찾아보았다. 이들은 피부 깊숙한 모낭 속에 있으면서 갑자기 증식하고 독소를 만들어서 피부 세포를 공격한다. 이후 피부 세포는 이 문제를 해결하기 위해 염증inflammation을 일으켜 세균을 죽이려고 노력한다. 이 과정에서 피부에 염증 반응이 일어나는데, 이를 여드름acne이라고 부른다. 미생물학자로서 내가 처음 한 질문은 '이런 세균들은 왜 피부 깊이 숨어 있는가?'였다. 이유를 간단하게 생각하면 피부 표면은 자외선이 강하고 건조하고 환경이 급격하게 바뀐다. 한마디로 피부 표면은 세균이 살기에 그렇게 좋은 환경이 아닐 수 있다. 피부 속은 표면에 비하면 환경 변화가 좀 더 안정적이긴 하지만 세균에게는 해결해야 할 문제가 하나 더 있다. 환경 변화는 그렇다고 쳐도 피부 깊숙이 들어가면 산소 농도가 급격히 낮아진다. 그래서 피부 깊은 곳에 존재하려면 산소 없이도 살 수 있게 자신을 바꾸어야 한다. 미생물학자들은 이렇게 적응한 미생물을 혐기 미생물이라고 부른다. 알다시피 '혐기'는 산소를 싫어한다는 의미다.

당시 실험실에서 석사과정을 시작한 나한희 학생이 여기에 관심 있어서 실험에 본격적으로 뛰어들었다. 동물 모델을 전공한 서휘원 박사님도 같이 연구를 진행했다. 나를 포함한 세 명은 매주 만나서 이 문제에 관해 오랫동안 브레인스토밍을 했다. 첫 번째 관문은 피부의 개인차를 극복하는 문제였다.

지금까지 미생물학자들은 피부에 염증을 일으키는 세균을 분리하기 위해 피부를 면봉(코로나19 때 콧속이나 입속을 문질렀던 작은 막대기를 떠올리면 된다)으로 문지른 후 면봉을 물로 적당히 희석했다. 이후 세균이 있는 배지에 그 물을 떨어뜨려 37도 배양기에 두면 세균이 자란다. 이 부분에서 지금까지 간과한 것 중 하나는 산소다. 우리는 산소가 없는 피부 속에서 자라며 여드름을 유발하는 혐기세균을 분리해보기로 했다. 산소를 싫어하는 세균을 키우기 위해서는 공기 중 산소를 제거하고 대신 질소를 채워넣는 복잡한 공정을 거친 특별한 배양기가 있어야 한다. 이때 필요한 혐기 체임버 두 대를 다행히 실험실에서 보유하고 있어서 바로 실험할 수 있었다.

산 너머 산

그런데 문제가 또 있었다. 사람 피부에서 미생물을 분리하기 위해서는 인체 유래 물질과 관련하여 의학연구윤리심의위원회Institutional Review Board, IRB의 허가를 받아야 한다. 국가에서는 인체에서 유래한 물질은 무엇이든 철저히 관리하기 때문에 실험 목적과 방법을 자세히 설명하고 허가를 받아야 한다. 처음에는 몇 주 정도 걸릴 거라고 생각했는데 몇 달이 걸려 생각보다 시간이 지체되었다. 게다가 IRB 신청서를 작성하면서 실험 디자인도 작성해야 했는데, 이 부분도 고민거리였다. 사람의 피부에 사는 미생물이 개인별로 무척이나 다르다는 사실은 이전 논문에서 발표된 바 있다. 그러면 '이 개인차를 어떻게 극복할 것인가?'라는 질문의 답이 필요했다.

사람으로부터 샘플을 모으는 시간

근본적인 질문을 해보자면, 우리가 '개인'이라고 지칭하는 대상은 누구인가? 사람이다. 사람마다 차이가 있는 이유는 다양하기 때문이다. 그러면 다양성을 만드는 인자는 무엇인가? 사람은 먼저 생물학적으로 남자와 여자 두 가지 성으로 존재하고, 나이가 다르다는 것이 다양성의 인자 아닐까? 물론 인종 등 다른 요소도 중요하지만, 우리 실정에 너무 다양한 사람들을 실험하려면 '필요한 연구비가 너무 많아진다'는 결론을 내렸다. 또한 너무 적지도 않고 너무 많지도 않은 적당한 사람 수로 실험하려면 대체 몇 명을 모아야 할까? 하는 고민도 생겼다.

많은 논의 끝에 20대, 30대, 40대, 50대, 60대의 남자 다섯 명, 여자 다섯 명씩을 선발해 총 50명의 피부에서 혐기세균을 분리하기로 했다. 그런데 코로나19 상황에서 이 실험을 이해하고 협조하기 위해 피부의 세균 채취를 허락하는 50명을 어떻게 모을 수 있을까? 가장 먼저 연구소에 공고를 내고, 실험에 협조하는 분들께는 마스크 100장을 무료로 주고 커피 쿠폰도 준다고 광고했다. 하지만 별 반응이 없었다. 그래서 할 수 없이 연구원 원장님과 부원장님부터 만나서 설득하고 발품을 팔아 한 사람 한 사람 찾아다니기 시작했다. 여자분들의 경우 화장 때문에 화장을 걷어내는 번거로움을 감내할 용기 있는 25명을 찾기가 쉽지 않았다.

참가자 대부분을 섭외했더니 또 다른 문제가 발생했다. 각 사람에게서 언제 미생물을 채취할 것인가? 하는 문제였다. 마스크 규격이 다르면 문제가 생기기 때문에 우리는 똑같은 마스크를 아침 9시전에 나누어주었다. 참가자가 오후 6시에 연구실을 방문하면 마스크를 받고, 피부 깊숙이 있는 세균을 분리하기 위해 강하게, 그리고 여러 번 피부를 문지른 면봉을 가능한 한 빨리 혐기 체임버로 옮겨 세균을 분리했다.

피부와 함께 마스크에서도 세균을 분리했다. 여기서 또 고민거리가 생겼는데, 마스크를 착용한 지 몇 시간 후 마스크 세균을 분리할 수 있느냐는 것이었다. 그래서 여러 가지 조건에서 사전 실험을 했다. 아침에 마스크를 착용하기 전에 피부 미생물을 채취하고, 점심시간과 여덟 시간 착용한 후에도 각각 미생물을 채취했다. 50명을 대상으로 하는 실험이기 때문에 신중하게 진행했다. 사람을 대상으로 하기에 잘못하면 다시 동일한 조건에서 실험하기가 힘들기 때문이다.

<hr>

여드름 세균의 출신은?

예비 실험으로 20대인 나한희 학생과 50대인 나의 피부를 대상으로 실험해보니 또 다른 문제가 발생했다. 가끔 말을 많이 할 때는 마스크를 착용하고 있기 때문에 입속 침이 마스크를 통해 피부로 갈 수도 있었다. 마스크를 끼고 말을 많이 하는 경우도 있고 그렇지 않을 때도 있다. 이것이 개인적 차이를 충분히 만들 수 있다는 생각이 들었다. 그렇다면 여기서 다른 문제를 생각하지 않을 수 없었다. 과연 우리 피부에 여드름을 만드는 세균은 어디 출신(어디에서 유래)일까? 침으로부터 온 입속 세균일까? 아니면 피부에 있다가 습도와 온도가 높아지니 증식해서 여드름을 만드는 것일까? 만약 입속 세균 때문이라면 말을 많이 한 날과 그렇지 않은 날의 여드름 발생률은 많이 다를 것이다. 그렇지 않다면 단순히 피부 세균을 모든 문제의 근원으로 알고 연구하면 된다. 그게 아니라 둘 다라면 문제가 커진다. 입속 세균과 피부에 늘 있는 세균이 합작해서 여드름을 만든다면 이야기는 점점 더 복잡해지고 실험은 점점 더 미궁으로 빠져든다. 더 많은 시간과 샘플링, 그리고 더 많은 사람이 필요해진다.

또 하나 이 실험에서 가장 힘든 부분은 우리가 혐기세균을 분리한다고 하더라도, 분리한 균 중에서 어떤 세균이 피부에 여드름(염증)을 만들 수 있는가 하는 질문이었다. 우리는 마스크를 여덟 시간 동안 착용한 참가자 50명의 피부(샘플을 정확하게 채취하기 위하여 얼굴에서 동일한 위치를 지정했다) 세균을 혐기 체임버에서 분리했다. 이후 배지에서 자라난 세균의 콜로니 중에서 다섯 개를 무작위로 골랐다. 그리고 그 세균을 다시 깨끗한 배지에 옮겨 다른 세균이 오염되지 않았는지 확인(순수 배양 확인)했다. 이후 세균이 자라면 생쥐의 피부

13 세균 수프로 마스크 여드름을 막아라!

에 주사기로 주입하여 염증이 발생하는지를 확인했다. 한 사람마다 다섯 개의 세균을 분리하여 총 250개 세균의 염증 정도를 확인했다. 염증이 심한 것부터 염증이 전혀 생기지 않는 세균까지 다양한 결과를 얻었다.

드디어 이 세균들의 출신을 조사할 차례였다. 입속에 이 세균들이 있는지를 조사하면 된다. 입속으로부터 세균을 분리하면 간단하게 해결할 수 있다. 하지만 문제는 다시 50명의 입속에서 채취해야 하는데, 그러려면 IRB의 허가를 다시 받아야 했다. 다시 몇 달을 낭비할 수 없어 고민하던 중에 나한희 학생이 중요한 정보를 제공해주었다. 초기에 샘플을 채취할 때 각 사람의 침도 함께 채취하여 보관하고 있다는 것이었다. 그나마 다행이었지만 침에서 세균을 분리하는 것은 쉽지 않았다. 미생물이 증식하거나 죽지 않게 고정하는 물질 없이 침만 보관하고 있었기에 세균이 살아 있는지를 장담할 수 없었다. 세균을 장기 보관하려면 글리세롤과 같은 물질을 함께 넣어준다. 세균을 바로 냉장고에 얼리면 급격한 온도 변화 때문에 바로 죽지만, 버퍼 용액buffer solution을 같이 넣어주면 영하 80도로 얼려놓아도 몇 년 동안 세균이 죽지 않고 잠들어 있게 할 수 있다. 다시 서휘원 박사님과 나한희 학생, 그리고 나는 모여 고민하기 시작했다. 서 박사님이 아이디어를 냈다. 세균은 죽더라도 DNA는 남아 있지 않을까? 그렇다면 그 DNA로 무엇을 할 수 있을 것인가? 마이크로바이옴 분석을 할 수 있다!

우리는 침 속의 DNA로부터 세균의 전체 종류를 분석하여 생쥐 실험에서 염증을 만들었던 세균이 얼마나 되는지를 확인해보았는데, 의외로 침에서는 피부 염증을 만드는 세균이 거의 발견되지 않았다. 많은 사람이 침에서 피부로 옮겨 간 세균이 여드름을 만든다고 생각했지만, 과학적이고 정밀한 방법으로 조사해본 결과 그렇지 않았다. 그렇다면 우리의 연구는 한결 쉬워진다. 피부에서 분리한 세균만 가지고 나이별, 성별로 비교하면서 분포를 조사해보면 된다.

우리가 분석한 부분 중 특이한 점은 나이가 많을수록 염증을 유발하는 세균의 밀도가 높아졌다는 것이다. 다만 연령별로 뚜렷한 통계적 차이를 구분해내지는 못했다. 아마 더 많은 사람을 대상으로 실험하면 차이가 충분히 나타날 것이다. 반면 성별에 따라서는 아주 뚜렷한 차이가 보였다. 여자가 남자보다 미생물의 다양성이 높았다. 이 연구만으로 그 이유를 밝히기에는 아직 부족한 부분이 많기 때문에 더 이상 설명하기는 힘들다.

항생제의 전철을 밟지 않으려면

우리는 실험에서 분리한 500개(한 사람에서 열 개씩 분리)의 세균으로 무엇을 할 수 있을지 고민하기 시작했다. 과학은 단순한 흥미나 궁금증을 해결하는 것을 넘어 사람들에게 도움을 주어야 한다고 생각하기 때문에 오랫동안 머리를 싸맸다. 우리가 발견한 세균들은 모두 사람의 피부에서 분리했기 때문에 다시 사람의 피부에 뿌려줄 수도 있다. 하지만 500개를 조사하여 염증이 나는지를 살펴봤기 때문에 염증이 생기지 않는 세균들을 골라서 피부에 적용해야 한다. 그것을 어떻게 찾을 수 있을까. 다시 문헌 조사에 들어갔다.

이전 연구에서는 여드름 세균들이 자라지 못하게 하는 다른 피부 세균을 분리하여 여드름 생성을 억제한다거나, 이런 세균에서 물질을 분리하여 여드름 치료제로 개발했다. 가장 간단한 예가 항생제다. 이런 여드름 억제 세균에서 해당 물질을 분리하고 농축해서 연고나 먹는 약으로 만든 것이 항생제다. 하지만 잘 알려졌듯 항생제는 당장 효과는 좋지만 항생제 내성균을 양산하는 아주 큰 부작용을 낳는다. 내성균이 생기면 동일한 항생제를 다시 사용할 수 없다. 만약 우리도 단순한 논리로 여드름 세균을 억제하는 다른 피부 분리균을 찾는다면 같은 문제가 발생하기에 전혀 다른 전략이 필요했다.

간접적 도움도 도움이다 –
적의 적은 친구

이런 고민에 빠져 있을 때 최근에 발표된 논문을 매주 실험실에서 소개하는 저널 클럽 시간이 돌아왔다. 중국 과학자들이 발표한 논문이 있었는데 내용은 다음과 같다. 토양세균 중 식물의 풋마름병을 유발하는 랄스토니아를 기존 항생물질을 생산하는 세균으로 막지 않고 간접적인 방법으로 억제했다는 것이었다. 여기서 '간접적'이라는 말을 좀 더 설명해보자. 도둑을 잡기 위해 경찰이 있다. 여기서 경찰을 도와주는 또 다른 조직 X가 존재한다고 가정해보자. 그런데 조직 X는 도둑을 직접 잡지 않고 경찰만 도와준다. 그렇다면 이 조직 X는 도둑을 잡는 과정에서 간접적으로 도와주었다고 할 수 있다. 랄스토니아를 직접 억제하는 세균이 있을 경우 이 세균이 더 잘 자라게 하는 세균 X가 존재한다면, 그리고 이 세균 X는 랄스토니아를 직접 억제하지 않는다면 세균 X가 랄스토니아를 간접적으로 억제했다고 볼 수 있다. 다른 가능성도 있다. 랄스토니아를 잘 자라게 하는 세균도 존재할 수 있다. 이때는 이 세균이 잘 자라지 못하게 하는 세균 X를 선발하여 적용하면 된다. 이 경우에도 간접적으로 병을 억제하는 결과를 만들 수 있다.

여기서 아이디어를 얻어 여드름균을 간접적으로 억제하는 방법을 고민하기 시작했다. 아이디어는 간단하다. '사람도 그렇지만 세균도 혼자 존재하지 않는다. 아니, 더 정확하게는 혼자 존재할 수 없다'라는 가설을 세웠다. 여드름을 일으키는 병원균이 있다면 이 병원균을 도와주는 균도 당연히 있을 것이다. 그러면 이 병원균을 도와주는 균을 도와주는 또 다른 균도 있을 수 있다. 그리고 반대로 도움을 주는 균을 억제하는 균도 존재할 것이다. 생태계는 늘 균형을 유지하려고 하기에 복잡한 상호작용은 상식적인 현상이다. 그러면 이런 균을 어떻게 찾을 수 있을까?

간접적으로 작용하는 세균 X를 찾으려면 병원균을 잘 자라게 하는 세균을 억제하든지, 아니면 병원균을 억제하는 세균을 더 잘 자라게 하든지 두 가지 중 하나에 집중하면 된다. 하지만 이 세균 X는 피부에 염증을 내지 않고 염증 원인균에 영향을 주지 않는 세균이어야 한다. 동시에 이 세균을 얼굴에 직접 바르는 것은 안 된다. 누구도 세균을 얼굴에 바르려고 하지 않을 것이기 때문이다. 세균 X의 물질 중에서 원하는 물질을 분리하여 이것만 처리하면 간접적으로 병원균을 억제할 수 있다. 나한희 학생의 노력 덕분에 드디어 찾아낸 물질로 동물실험을 해보니 정말로 여드름이 줄어드는 효과가 나타났다. 혹시 이 글을 읽는 마스크팩 회사 사장님이 있다면 전혀 새로운 기능성 마스크팩을 개발할 수 있는 기막힌 아이디어이니 꼭 연락 주시면 좋겠다.

마스크로 인한 여드름 문제를 해결하라는 딸의 말 한마디로 여드름 방지용 마스크팩에 대한 아이디어를 발견하기까지 우리 셋은 끝없이 질문하고 회의했다. 지리멸렬할 수 있는 실험들을 꾸준히 버텨준 나한희 학생에게 감사하며, 동물실험도 마다하지 않고 주도적으로 실시한 서휘원 박사께도 감사를 드린다.

사람들은 지금 발생한 문제가 단순하고 직접적인 상호작용 때문에 나타났다고 결론지을 때가 많다. 하지만 피부 여드름균처럼 여러 단계의 간접적인 상호작용이 그 속에 켜켜이 숨어 있는 경우가 많다. 지금 인간관계에 문제가 있다면 당사자가 아니라 주위에서 그 문제를 쉽게 해결할 수 있는 귀인을 찾아보면 어떨까? 우리가 여드름균을 무찌르기 위해서 했던 것처럼 말이다.

13 세균 수프로 마스크 여드름을 막아라!

맺음말

　20년 넘게 실험실에서 짧게는 몇 달, 길게는 5년 이상을 학생들 한 명, 한 명과 생활하고 부대끼며 많은 생각과 고민을 나눌 수 있었다. 20세기에서 21세기로 바뀌었지만, 내가 그 나이에 느꼈던 동일한 고민들로 힘들어하는 모습들을 보면서 나 또한 가슴 아팠던 적이 많다. 실험실에서 보내는 시간들은 정말 쉽지 않다. 쳇바퀴 돌 듯이 매일 비슷한 일을 하고 실험 결과를 차곡차곡 모아서 영어로 논문을 작성해야 하고, 학위와 졸업을 위해 여러 교수 앞에서 자기의 실험 결과를 발표하고 어려운 질문에 답해야만 한다. 한 번의 성공을 위해서 아홉 번의 실패를 당연하게 생각해야 한다. 전혀 새로운 분야에 대한 지식을 위해서 수십 편의 논문을 밤새워 읽어야 한다. 그래서 점점 더 많은 젊은이들이 연구의 길을 가려고 하지 않는 것 같다. 한마디로 힘들기 때문이다. (혹시 앞의 글만 읽고 학위를 포기하거나 실험실에 들어가는 것을 망설이는 학생은 없으면 좋겠다. 긴 터널을 통과한 사람의 열매는 너무나 달고 그 보상은 크다.) 실험실을 거쳐 간 수십 명의 학생과 이런 고민들을 이야기하면서, 나는 졸업 이후의 생활에서 행복을 찾은 학생과 그렇지 않은 학생이 뚜렷하게 나뉘는 중앙선을 발견할 수 있었다.

비슷한 능력과 배경 그리고 기술을 가진 학생이 같은 출발점에서 시작하더라도 결승점(졸업)에 도달하는 시간은 너무 다르고, 느끼는 행복감도 너무나 다르다. 가르치는 선생으로서는 이 차이를 줄이는 것이 무엇보다도 중요하다. 선생으로서 가장 큰 보람은 학생의 변화와 발전이기 때문에 나름대로 이들의 성향을 분석해본 적이 있다. 이제부터 이야기할 것은 내가 실험실에서 학생들을 가르치면서 결승점에서 차이를 드러내게 하는 성공의 중요한 요소들을 정리한 것이다. 이 책에서 중요하게 다루는 다양한 미생물과 비교하면서 그 요소들을 설명하려 한다.

성공한 학생들의 무기

첫 번째 차이점은 '재미'다. 《논어》에 나오는 말처럼 아무리 똑똑한 사람도, 어떤 일에 재미를 느끼며 몰두하는 사람을 이기기는 힘들다. 그렇다고 학생들이 실험실에서 처음부터 재미를 느끼기는 쉽지 않다. 먼저 재미를 찾으려는 마음이 자리 잡고 있어야 한다. 마음가짐이 중요하다. 그저 졸업해서 학부생보다 더 좋은 직장을 잡기 위해 석사나 박사를 하는 사람은 재미를 찾기가 쉽지 않다. 재미란 무엇일까? 나는 먼저 '재미는 무엇과도 바꿀 수 없는 유일무이한 오브제여야 한다'고 믿고 싶다. 예전에 읽은 책에서, 재미를 느끼는 사람은 마약에 중독되어 전두엽이 발달한 것처럼 실험을 통해서도 그것을 느낄 수 있다는 구절을 접했다. 여기서 말하는 재미는 말초적인 재미가 아니라 형이상학적이고 수준 높은 재미를 의미한다. 내가 느낀 과학에 대한 재미는, 한번 느껴본 후 그냥 지나칠 수 없어 계속 비슷한 것을 찾고 머물게 하는 특징이 있다. 당장 오늘 먹을 것이 없어도 연극을 하고 음악을 하는 예술가처럼 과학자도 그런 재미를 느껴야 한다. 지금까지 내가 아는 한 과학의 '재미'를 아는 졸업생 중 제대로 된 직장을 잡지 못한 사람은 없었다. 이해를 돕고자 내가 느꼈던 재미를 소개하고 싶다. 석사과정 중 2년 넘게 찾았던 세균을 발견한 1996년의 설날, 배양기에서 꺼낸 페트리접시에 자라난 세균을 보았을 때 머리끝에서 발끝까지 지나간 전율을 나는 아직도 기억한다. 박사과정 중에는 뿌리의 세균이 식물의 면역을 일으켜서 앞서 접종한 바이러스가 힘을 못 써 병징이 나타나지 않았던 2000년 가을 온실에서 느꼈던 기분을 아직도 기억한다. 이런 재미는 내가 힘들고 좌절할 때 일으켜 세우는 중요한 원동력이 되었다.

미생물도 재미를 느낄까? 흥미로운 질문이다. '재미'를, 그리고 '재미를 느낀다는 것'을 어떻게 정의하느냐에 따라 다를 것이다. 내가 생각하기에는 균이 사는 환경은 재미를 느낄 만한 여유가 없을 것 같다. 살아가는 환경이 균들에게 유리할 때가 많지 않기 때문이다. 균들은 1톤 배양기에서 일주일 또는 한 달 동안 지속 배양을 위해 일정한 온도와 영양분과 산소가 지속적으로 공급되는 환경을 제외하면 대부분은 영양분과 수분이 부족하고, 다양한 균이나 고등생물과 경쟁하면서 위협을 받고 산다. 그래서 균은 주위 환경에 대한 철저한 분석 없이는 움직이지 않는다. 많은 현대인은 균들처럼 극한의 환경 속에서 살지는 않는다. 인간만이 재미를 느끼며 그 속에서 많은 의미를 발견하고, 때론 그 재미와 의미가 인생을 사는 힘이 되기도 한다. 혹시 지금 재미있는 것이 주위에 없다면 자신이 단세포적으로 살고 있지 않은지 한번쯤 고민할 필요가 있다.

두 번째는 '자기 인식'이다. 무슨 뚱딴지 같은 말이냐고 물을 수 있을 것이다. 이른바 졸업 후 사회적으로 자리를 잡은 학생들은 하나같이 나름의 철학을 가지고 있다. 쉽게 설명해보겠다. 나는 면접하러 온 학생들에게 "당신은 당신을 누구라고 생각하십니까?(나는 누구인가?)"라고 자주 질문한다. 내 경험에 따르면 실험을 잘 진행하지 못하는 사람은 대부분 결과에서 합리적인 결론을 내고 그 결과에서 유추하여 추가적인 질문을 하는 것을 힘들어할 때가 많다. 흥미롭게도 이런 학생들과 오래 이야기하고 왜 질문과 답을 찾는 것을 힘들어하는지 계속 알아보면 마지막에 도달하는 문제가 '나는 누구인가?'라는 질문에 대한 답을 하지 못한 경우가 많다. 우리가 사춘기라고 부르는 중고등학교(요즘은 초등학교 고학년일 수도 있다) 시절에 반드시 이 질문에 대한 답을 가지고 어른이 되어야 한다. 하지만 나의 실험실 경험을 통해 보면 그 과정을 어떤 이유에서든 뛰어넘은 사람은 반드시 이 허들에 걸려서 넘어지거나 방황하게 된다. 실험실에서 학위를 위해 실험하다가 마지막 졸업논문을 작성하기 위해 지금까지 축적했던 자신의 모든 잠재력을 발휘해야 할 때가 있다. 이때 내가 누구인지 모르는 철학 없는 학생은 졸업을 위한 실험과 논문 작성이라는 죽음의 계곡을 넘어갈 수 없다. 내가 누구인지 모르는 사람은 내가 왜 이 일을 해야 하는지 답을 찾을 수도 없고, 내가 어디로 가야 할지도 정할 수도 없다. 그 토대가 없이는 어떤 건물도 세울 수 없다.

나에 대한 자각이 이루어진 사람은 다른 사람과의 관계에서도 문제가 없다. 실험실은 혼자서 지내는 공간이 아니기 때문에 때론 선배가 때론 후배나 동료가 존재하기 마련이다. 실험실에서 일어나는 큰 문제의 원인은 잘못된 실험보다는 인간관계 때문인 경우가 다반사다. 실험실 생활에서는 상호작용의 기술이 무엇보다도 중요한데 이것은 '나는 누구인가'라는 질문의 답 위에 세워진다.

미생물 세상에서는 어떨까? 균에게 '나'라는 존재론적 질문은 의미가 없다. 근본적으로 혼자서 살아갈 수 없기 때문이다. 같은 종이든 다른 종이든 다른 세균과의 관계에서만 존재할 수밖에 없다. 균이 혼자서 존재하려고 했다면 그 균은 이미 지구 상에서 멸종했을 가능성이 아주 높다. 환경이나 다른 생명체는 균이 혼자서 살아가는 데 녹록하지 않다. 상호작용 자체도 만만치 않다. 상호작용으로 이익을 얻을 수도 피해를 입을 수도 있다. 그래도 상호작용이라는 통로를 통과한 균만이 지구 상에 어떤 위치를 차지할 수 있다. 인간만이 유일하게 개인을 강조하고 혼자 있으려고 하는 성향을 보이는 생명체다. '행복도 관계 속에서만 가능하다'는 최근의 연구 결과들처럼 인간도 끊임없이 관계를 맺고 상호작용을 위해 노력해야 한다. 물론 이익이 될 때도 있고 손해를 볼 때도 있다. 그래도 존재하기 위해서, 그리고 행복하기 위해서 관계는 균에게도 사람에게도 필수적이다.

세 번째는 '중요한 것을 선택하는 용기'이다. 최진석 교수님은 저서 《인간이 그리는 무늬》에서 "바쁜 일과 중요한 일은 항상 내 주위에 존재하는데 대부분의 사람들은 바쁜 일에 함몰되어 중요한 일을 선택하지 않는다"라고 하였다. 내가 실험실에서 학생들에게 가장 많이 하는 질문이 하나 있다. "이 실험의 목적은 무엇입니까?" 우리나라 학생들의 공통적인 문제 중 하나는 너무나 바빠서 졸업이라는 목적지로 가는 지도의 어디에 있는지 잊는 경우가 많다는 것이다. 그래서 졸업을 위해 실험한 일을 정리해보면 3분의 1에서 절반 정도는 논문에 실리지 못하는 결과 때문에 휴지통으로 향하는 경우가 많다. 왜 이런 문제가 발생할까? 어떤 실험이든 그전에 실험 목적을 생각해봐야 하는데 그런 과정 없이 바쁘게 실험만 계속하기 때문이다. 그럼 목적에서 벗어나 휴지통에 들어가는 실험을 하게 된다. 실험을 하기 전에 자신이 처음에 잡았던 최종 목적지를 확인하고 자신이 어디에서 어디로 가고 있는지 방향을 확인해야 한다. 그렇지 못하면 길을 잃고 방황할 수밖에 없다.

미생물은 중요한 것과 바쁜 것을 구분하기 힘들다. 균이 하는 모든 행동은 자신의 생명과 직결될 수밖에 없다. 균에게는 그냥 한번 해보는 일은 없다. 잠시 한눈을 팔다가는 포식자와 경쟁자에게 잡아먹히고 만다. 균도 생각을 할까? 아직 잘 모르겠다. 하지만 세균의 세포벽 외부에는 아직도 우리가 알지 못하는 수용체가 많은 것으로 미루어, 외부 환경에 민감하게 반응해왔고 지금도 하고 있다는 것을 알 수 있다. 왜냐하면 균에게 가장 중요한 것은 지금 자신이 어디에 있는지를 정확하게 알고 행동하는 것이기 때문이다. 가령 영양분이 없는 곳에 휴면포자가 발아한다거나 분열을 시작하려고 하면 증식한 모든 균은 한꺼번에 죽게 된다. 외부의 수분과 pH가 적당하지 않은데 움직이려고 한다면 곧 말라 죽을 수도 있다. 어쩌면 균은 인간보다 훨씬 상황 판단이 빠르고 뭐가 중요한지 더 잘 인식하는지도 모른다.

네 번째는 '주의력의 힘' 알기다. 주의력은 얼마나 오랫동안 자기가 하고 있는 일에 집중할 수 있는가를 뜻한다. 우리는 생각보다 한 가지 일에 집중하지 않는다. 스트레스, 불안, 기분에 따라서 집중하지 못하기도 하지만 인간은 본능적으로 주의력이 산만한 것 같다. 쇼츠와 밈이 유행하고 휴대전화로 무엇이든 보고 확인할 수 있는 요즘은 더 그렇다. 《주의력 연습》이란 책에는 마음 챙김 훈련을 통해주의력을 향상할 수 있다고 나오지만, 내가 학생들의 주의력을 높이기 위해 했던 많은 노력은 번번이 실패했다. 주의력의 크기만큼 졸업한 학생들의 연봉이 결정되는 것 같다고 생각해본 적이 있다. 직접 확인할 수는 없지만, 졸업 후 자리 잡은 직장의 종류는 확연히 차이가 있다. 그럴 수밖에 없는 것이, 주의력이 있는 사람은 실험에 집중하기에 실수가 적다. 그래서 짧은 시간에 많은 결과를 낼 수 있다. 이 결과로 논문을 작성할 때에도 주의력이 있는 사람은 결과의 중요성을 빨리 파악하여 줄거리를 빨리 잡을 수 있다. 반면 주의력이 없는 사람은 깊이 있는 사고의 바다에 들어가기 힘들다. 그 길로 가던 중간에 계속 다른 것에 관심을 가지고 삼천포로 빠지는 경우가 많다. 실험할 때 사용하기 위해 마음속 한쪽에 늘 일정한 여유 공간을 마련해두는 것이 좋다. 그래야 집중할 수 있다.

미생물에게 주의력이 있을까? 질문을 조금 바꾸어보자. 미생물도 자기가 하고 있는 일에 집중할까? 물론이다. 그렇지 않으면 미생물로 살아가기 힘들다. 세균은 물속에서 편모를 써서 영양분이 있는 곳으로 헤엄쳐 가야 하고, 반대로 항생제가 있는 곳에서는 도망가야 한다. 물속에 있는 어떤 물질의 아주 작은 농도 차이도 알아차려야 한다. 1마이크로미터도 되지 않는 세균에게 이 과정은 고도의 집중력을 요하는 작업이다. 잘못된 판단은 항생제 쪽으로 달려가게 만들 수 있기 때문에 세균도 살기 위해서 집중한다.

환원주의에서 통합주의로 가는 길

그동안 이 책에서 소개한 많은 미생물 관련 연구를 해왔지만 최근에는 약간의 한계를 느끼고 있다. 연구는 과학의 한 부분이기 때문에 실증주의에 바탕해야 한다. 쉽게 말해 경험으로 유추와 증명이 가능해야 한다. 그것도 합리적인 방법으로 말이다. 이 방법론은 환원주의reductionism에 뿌리를 두고 있다. 환원주의란 과학에서 문제를 해결하는 과정에서 하나하나 분해해(reduction은 줄인다는 말의 명사형이다) 그 원리를 이해하는 방법론이다. 코로나19 바이러스로 백신을 만들려고 한다면 코로나19 바이러스에 걸렸다가 면역이 생긴 사람의 몸이 바이러스의 어떤 부분을 항원으로 인식했는지를 이해해야 한다. 과학자는 바이러스의 다양한 부분을 접종해서 면역이 생기는지 확인한다. 그래서 만들어진 것이 우리가 코로나19 기간 동안 맞은 백신이다. 코로나19 바이러스의 외부에 솟아나 있는 단백질인 스파이크 단백질이 항체인 것을 알아내고 이것을 사람의 몸속에 주입한 것이다. 그동안 과학 분야는 환원주의와 잘 맞아떨어졌다. 하지만 이 책에서 소개했고 현재 진행 중인 많은 미생물 관련 연구들에서 환원주의로 해결하지 못하는 문제점들이 나타나고 있다.

그 이유를 살펴보자. 먼저 미생물은 혼자 존재할 수 없기 때문에 서로의 상호작용을 이해하지 못한다면 실제 환경에서의 미생물의 역할과 활동을 알 수 없다. 그래서 미생물학자들은 두 가지 균의 상호작용을 알기 위해 배지 위에서 두 가지 균이 서로 죽이는지 도와서 잘 자라는지 밝히는 연구를 지금까지 해오고 있다. 한 균이 다른 균을 죽인다면, 그리고 그 다른 균이 병원균이라면 여기서 항생제를 개발할 수 있다. 어떤 균이 인간 세포에 유리한 영향을 준다면 유산균과 같은 유익균으로 인식한다. 하지만 여기에 큰 함정이 있다. 대부분의 균은 인간이 만든 배지(인공 배지)에서 잘 자라지 못하고, 영양분이 풍부한 배지는 몇몇 균에게만 유리해서 다른 균이 자라는 것을 방해하기 쉽다. 그리고 상호작용이라는 것이 두 가지 균에만 존재하는 것은 아니다. 인간의 장이나 피부만 하더라도 수백·수천 종의 세균이 존재하고, 아마도 그중 대부분은 서로 간의 상호작용의 결과로 존재하고 있을 것이다. 현재 과학기술로 이들을 모두 이해할 수는 없다. 전혀 새로운 관점이 필요하다. 동양적인 관점과 약간 비슷한 통합주의holism적 과학관에 대한 요구가 점점 늘고 있다.

그렇다면 과연 통합주의적 과학관을 실험적으로 적용할 수 있을까? 아직은 힘들어 보인다. 장내세균 수천 종의 상호작용을 칼로 무 자르듯이 완벽하게 이해하기란 쉽지 않다. 하지만 현재 인공지능이 발전하는 속도를 미루어볼 때 컴퓨터와 생물학적 인자(DNA, RNA, 단백질, 대사산물)를 통합적으로 분석할 수 있다면, 수학에서의 적분처럼 미리 잘랐던 얇은 무를 하나씩 이어붙여 무를 재조합하게 할 수 있다면, 너무 먼 이야기도 아니다. 현재 과학기술의 발전 단계로 볼 때 그리 멀지 않은 시간에 해결할 수 있을 것이다.

가끔 이런 생각을 해본다. 인간은 지구에서 얼마나 이렇게 살 수 있을까? 조금씩 변하던 기후가 이제는 피부로 느낄 수 있을 정도로 가파르게 바뀌고 있다. 현재만 해도 2024년이 제일 더웠는데 그 기록이 2025년으로 바뀔 것이 뻔해 보인다. 그렇게 된다면 제일 더웠던 올여름이 최근 5년간 제일 시원한 여름이 될 것 같다. (내년은 올해보다 더 덥기 때문이다.) 지난 수십 년 동안 인간이 노력한 덕분에 오존층의 두께는 거의 정상으로 돌아왔다고 한다. 그런데 왜 이렇게 더울까? 원인은 인간이 지구 상에 많아지면서 벌어진 일이다. 이유는 잘 모르지만 인간은 처음부터 다른 종과 상호작용하면서 살아가는 법을 배우지 못한 것 같다. 국내외에서 벌어지는 일을 보면 같은 종인 인간들끼리도 상호작용으로 최선의 선택을 이끌어내지 못하니 말이다. 아직 시간과 자원과 자금이 있을 때는 그런 여유도 가능하다. 하지만 영원하지 않아서 곧 끝을 만날 것이고, 그럼 상호작용을 하지 않은 대가를 심하게 치르게 될 것이다. 여러분이 세수하는 세면대 밑 수도관 속에 만들어진 생물막을 보더라도 서로 다른 균들이 외부 환경과 유해 물질의 위협에서 살아남기 위해 힘을 합하고 있다. 인위적으로 무너뜨리면 며칠 내로 복구한다. 서로 다른 종의 균들이 협력해서 말이다. 그래서 오래 살아남을 수 있는 것이다. 오래 살아남으려면 서로 도와야 한다. 인간은 아마 아직 그렇게 절박하지 않은 모양이다. 균에게서 배울 것은 꼭 배워야 한다. 살기 위해서….

이 책이 나올 때까지 은근과 끈기로 기다려주신 박남주 플루토

대표님과 편집자님, 그리고 멋진 그림들을 그려주신 작가님께 감사드린다. 마지막으로 나에게 존재만으로 힘이 되는 아내와 재헌이와 세린이, 진주에 계신 어머니, 그리고 얼마 전 하늘나라에 가신 아버지에게 무한한 감사를 표한다.

2025년 꽃샘추위 속에서

참고문헌

1 토마토의 해방일지−적과 싸울 것인가, 친구의 도움을 요청할 것인가
Handelsman J. (2024) Metagenomics: application of genomics to uncultured microorganisms. *Microbiol Mol Biol Rev.* 68(4):669-85. doi: 10.1128/MMBR.68.4.669-685.2004.
Lee SM, Kong HG, Song GC, Ryu CM. (2021) Disruption of Firmicutes and Actinobacteria abundance in tomato rhizosphere causes the incidence of bacterial wilt disease. *ISME J.* 15(1):330-347. doi: 10.1038/s41396-020-00785-x.
에이미 E. 허먼 지음, 문회경 옮김, 《우아한 관찰주의자》, 청림출판, 2023.

2 만남은 새로운 과학으로 가는 문−산소가 없어도 살아가는 세균 이야기
Jung SH, Riu M, Lee S, Kim JS, Jeon JS, Ryu CM. (2023) An anaerobic rhizobacterium primes rice immunity. *New Phytol.* 238(5):1755-1761. doi: 10.1111/nph.18834.

3 땅은 네가 지난여름에 한 일을 알고 있다−흙도 기억할 수 있을까
Bakker PAHM, Pieterse CMJ, de Jonge R, Berendsen RL. (2018) The Soil-Borne Legacy. *Cell.* 172(6):1178-1180. doi: 10.1016/j.cell.2018.02.024.
Kong HG, Song GC, Ryu CM. (2019) Inheritance of seed and rhizosphere microbial communities through plant-soil feedback and soil memory. *Environ Microbiol Rep.* 11(4):479-486. doi: 10.1111/1758-2229.12760.
대니얼 샤모비츠 지음, 이지윤 옮김, 《식물은 알고 있다》, 다른, 2013.
피터 톰킨스·크리스토퍼 버드 지음, 황금용·황정민 옮김, 《식물의 정신세계》, 정신세계사, 1998.

4 모든 식물은 냄새를 풍긴다−세균들의 싱크로나이징
Jang S, Choi SK, Zhang H, Zhang S, Ryu CM, Kloepper JW. (2023) History of a model plant growth-promoting rhizobacterium, Bacillus velezensis GB03: from isolation to commercialization. *Front Plant Sci.* 14:1279896. doi: 10.3389/fpls.2023.1279896.
Kong HG, Song GC, Sim HJ, Ryu CM. (2021) Achieving similar root microbiota composition in neighbouring plants through airborne signalling. *ISME J.* 15(2):397-408. doi: 10.1038/s41396-020-00759-z.

5 소리로 식물병 막기
Jung J, Kim SK, Jung SH, Jeong MJ, Ryu CM. (2020) Sound Vibration-Triggered Epigenetic Modulation Induces Plant Root Immunity Against Ralstonia solanacearum. *Front Microbiol.* 11:1978. doi: 10.3389/fmicb.2020.01978. PMID: 32973716; PMCID: PMC7472266.
Khait I, Lewin-Epstein O, Sharon R, Saban K, Goldstein R, Anikster Y, Zeron Y,

Agassy C, Nizan S, Sharabi G, Perelman R, Boonman A, Sade N, Yovel Y, Hadany L. (2023) Sounds emitted by plants under stress are airborne and informative. *Cell.* 186(7):1328-1336.e10. doi: 10.1016/j.cell.2023.03.009. PMID: 37001499.

Kim JY, Kim SK, Jung J, Jeong MJ, Ryu CM. (2018) Exploring the sound-modulated delay in tomato ripening through expression analysis of coding and non-coding RNAs. *Ann Bot.* 122(7):1231-1244. doi: 10.1093/aob/mcy134. PMID: 30010774; PMCID: PMC6324751.

Son JS, Jang S, Mathevon N, Ryu CM. (2024) Is plant acoustic communication fact or fiction? *New Phytol.* 242(5):1876-1880. doi: 10.1111/nph.19648. Epub 2024 Feb 29. PMID: 38424727.

6 잘못 먹어서 좀비가 됐어!

Cho KC, Lee JH, You H, Kim EK, Koh YH, Lee H, Park J, Hwang SY, Chung YW, Ryu CM, Kwon Y, Roh SH, Ryu JH, Lee WJ. (2025) Microbiome-emitted scents activate olfactory neuron-independent airway-gut-brain axis to promote host growth in Drosophila. *Nat Commun.* 16(1):2199. doi: 10.1038/s41467-025-57484-4.

Kim B, Kanai MI, Oh Y, Kyung M, Kim EK, Jang IH, Lee JH, Kim SG, Suh GSB, Lee WJ. (2021) Response of the microbiome-gut-brain axis in Drosophila to amino acid deficit. *Nature.* 593(7860):570-574. doi: 10.1038/s41586-021-03522-2.

MacLean AM, Orlovskis Z, Kowitwanich K, Zdziarska AM, Angenent GC, Immink RG, Hogenhout SA. (2014) Phytoplasma effector SAP54 hijacks plant reproduction by degrading MADS-box proteins and promotes insect colonization in a RAD23-dependent manner. *PLoS Biol.* 12(4):e1001835. doi: 10.1371/journal.pbio.1001835.

van Roosmalen E, de Bekker C. (2024) Mechanisms Underlying Ophiocordyceps Infection and Behavioral Manipulation of Ants: Unique or Ubiquitous? *Annu Rev Microbiol.* 78(1):575-593. doi: 10.1146/annurev-micro-041522-092522.

7 나무와 스컹크의 공통점-냄새로 병을 진단할 수 있을까

Kharadi RR, Schachterle JK, Yuan X, Castiblanco LF, Peng J, Slack SM, Zeng Q, Sundin GW. (2021) Genetic Dissection of the Erwinia amylovora Disease Cycle. *Annu Rev Phytopathol.* 59:191-212. doi: 10.1146/annurev-phyto-020620-095540.

Kim et al., (2024) Receptonics-based real-time monitoring of bacterial volatiles for onsite fire blight diagnosis. *Sensors and Actuators B: Chemical* 419, 136337

Sharifi R, Ryu CM. (2018) Biogenic Volatile Compounds for Plant Disease Diagnosis and Health Improvement. *Plant Pathol J.* 34(6):459-469. doi: 10.5423/PPJ.RW.06.2018.0118.

8 고정관념 깨뜨리기-식물의 병이 동물의 병이 될 수 있을까

Kim JS, Yoon SJ, Park YJ, Kim SY, Ryu CM. (2020) Crossing the kingdom border: Human diseases caused by plant pathogens. *Environ Microbiol.* 22(7):2485-2495. doi:

10.1111/1462-2920.15028.

Park SH, Yoon SJ, Choi S, Kim JS, Lee MS, Lee SJ, Lee SH, Min JK, Son MY, Ryu CM, Yoo J, Park YJ. (2020) Bacterial type III effector protein HopQ inhibits melanoma motility through autophagic degradation of vimentin. *Cell Death Dis.* 11(4):231. doi: 10.1038/s41419-020-2427-y.

Yoon SJ, Park YJ, Kim JS, Lee S, Lee SH, Choi S, Min JK, Choi I, Ryu CM. (2018) Pseudomonas syringae evades phagocytosis by animal cells via type III effector-mediated regulation of actin filament plasticity. *Environ Microbiol.* 20(11):3980-3991. doi: 10.1111/1462-2920.14426.

9 108번뇌와 항생제–새로운 항생물질 칵테일 찾기

Chung JH, Bhat A, Kim CJ, Yong D, Ryu CM. Combination therapy with polymyxin B and netropsin against clinical isolates of multidrug-resistant Acinetobacter baumannii. *Sci Rep.* 2016 Jun 16;6:28168. doi: 10.1038/srep28168. PMID: 27306928; PMCID: PMC4910107.

Kim SY, Seo HW, Park MS, Park CM, Seo J, Rho J, Myung S, Ko KS, Kim JS, Ryu CM. (2023) Exploitation of a novel adjuvant for polymyxin B against multidrug-resistant Acinetobacter baumannii. *J Antimicrob Chemother.* 78(4):923-932. doi: 10.1093/jac/dkac445.

Storm DR, Rosenthal KS, Swanson PE. (1977) Polymyxin and related peptide antibiotics. *Annu Rev Biochem.* 46:723-63. doi: 10.1146/annurev.bi.46.070177.003451.

10 균은 의외로 많은 일을 한다–플라스틱 분해 곤충 이야기

Kong HG, Kim HH, Chung JH, Jun J, Lee S, Kim HM, Jeon S, Park SG, Bhak J, Ryu CM. (2019) The Galleria mellonella Hologenome Supports Microbiota-Independent Metabolism of Long-Chain Hydrocarbon Beeswax. *Cell Rep.* 26(9):2451-2464.e5. doi: 10.1016/j.celrep.2019.02.018.

Son JS, Lee S, Hwang S, Jeong J, Jang S, Gong J, Choi JY, Je YH, Ryu CM. (2024) Enzymatic oxidation of polyethylene by Galleria mellonella intestinal cytochrome P450s. *J Hazard Mater.* 2024 Dec 5;480:136264. doi: 10.1016/j.jhazmat.2024.136264.

11 대장암을 막기 위해 신종플루 치료제를 먹는다고?–물고기로 장내 미생물 연구하기

Ledford H. Why are so many young people getting cancer? What the data say. (2024) *Nature.* 627(8003):258-260. doi: 10.1038/d41586-024-00720-6.

Lee JG, Lee S, Jeon J, Kong HG, Cho HJ, Kim JH, Kim SY, Oh MJ, Lee D, Seo N, Park KH, Yu K, An HJ, Ryu CM, Lee JS. (2022) Host tp53 mutation induces gut dysbiosis eliciting inflammation through disturbed sialic acid metabolism. *Microbiome.* 10(1):3. doi: 10.1186/s40168-021-01191-x.

12 배 속의 균이 바꾼 내 모습-곤충의 변신은 무죄

Girard M, Luis P, Valiente Moro C, Minard G. (2023) Crosstalk between the microbiota and insect postembryonic development. *Trends Microbiol.* 31(2):181-196. doi: 10.1016/j.tim.2022.08.013. Epub 2022 Sep 24. PMID: 36167769.

Kong HG, Son JS, Chung JH, Lee S, Kim JS, Ryu CM. (2023) Population Dynamics of Intestinal Enterococcus Modulate Galleria mellonella Metamorphosis. *Microbiol Spectr.* 11(4):e0278022. doi: 10.1128/spectrum.02780-22. Epub 2023 Jun 26. PMID: 37358445; PMCID: PMC10434003.

프란츠 카프카 지음, 천영애 옮김, 《변신·시골의사》, 민음사, 1998.

13 세균 수프로 마스크 여드름을 막아라!-적의 적과 친구를 찾아라!

Na HH, Kim S, Kim JS, Lee S, Kim Y, Kim SH, Lee CH, Kim D, Yoon SH, Jeong H, Kweon D, Seo HW, Ryu CM. (2024) Facemask acne attenuation through modulation of indirect microbiome interactions. *NPJ Biofilms Microbiomes.* 10(1):50. doi: 10.1038/s41522-024-00512-w.

Xu H, Li H. Acne, the Skin Microbiome, and Antibiotic Treatment. (2019) *Am J Clin Dermatol.* 20(3):335-344. doi: 10.1007/s40257-018-00417-3. PMID: 30632097; PMCID: PMC6534434.

좋은 균, 나쁜 균, 이상한 균 두 번째 이야기

살리는 균, 죽이는 균, 서로 돕는 균

1판 1쇄 인쇄 | 2025년 4월 16일
1판 1쇄 발행 | 2025년 4월 23일

지은이 | 류충민

펴낸이 | 박남주
편집자 | 박지연 강진홍
디자인 | 남희정
펴낸곳 | 플루토

출판등록 | 2014년 9월 11일 제2014-61호
주소 | 07803 서울특별시 강서구 마곡동 797 에이스타워마곡 1204호
전화 | 070-4234-5134
팩스 | 0303-3441-5134
전자우편 | theplutobooker@gmail.com

ISBN 979-11-88569-81-6 03480